# 轻型车环保信息公开管理指南

# （2024 年版）

陈大为　张海燕　钱立运　主编

中国环境出版集团·北京

**图书在版编目（CIP）数据**

轻型车环保信息公开管理指南：2024 年版 / 陈大为，张海燕，钱立运主编 . -- 北京：中国环境出版集团，2024.8. --ISBN 978-7-5111-5947-2

Ⅰ. X734.2–62

中国国家版本馆 CIP 数据核字第 2024NJ5734 号

**责任编辑** 殷玉婷
**封面设计** 宋 瑞

---

**出版发行** 中国环境出版集团
（100062 北京市东城区广渠门内大街 16 号）
网 址：http: //www.cesp.com.cn
电子邮箱：bjgl@cesp.com.cn
联系电话：010-67112765（编辑管理部）
010-67112736（第五分社）
发行热线：010-67125803，010-67113405（传真）
**印 刷** 北京中献拓方科技发展有限公司
**经 销** 各地新华书店
**版 次** 2024 年 8 月第 1 版
**印 次** 2024 年 8 月第 1 次印刷
**开 本** 787 × 1092 1/16
**印 张** 10.25
**字 数** 220 千字
**定 价** 79.00 元

---

# 编 委 会

**主编：**陈大为　　张海燕　　钱立运

**编委：**关　敏　　王明达　　季　欧　　滕　琦

付雨民　　肖　寒　　鲁嘉欣

# 章节作者

| | |
|---|---|
| 第 1 章　概　述 | 滕　琦　王鲁昕 |
| 第 2 章　机动车环保管理背景简介 | 关　敏　赵　鑫 |
| 第 3 章　环保信息公开规范要求 | 王明达　马凌云 |
| 第 4 章　型式检验要求 | 钱立运　唐祎骕 |
| 第 5 章　下线检验要求 | 肖　寒　郝爱民 |
| 第 6 章　量产车评估测试 | 付雨民　赵海光 |
| 第 7 章　CAL ID/CVN 管理 | 季　欧　李　涛 |
| 第 8 章　环保信息公开系统 | 鲁嘉欣　王宏丽 |

# 前言

PREFACE

《中华人民共和国大气污染防治法》于2015年8月29日第十二届全国人民代表大会常务委员会第十六次会议第二次修订，并于2016年1月1日起实施。此次修订取消了环保型式核准制度并改为环保信息公开管理方式，不再进行审核、批准等行政审批。其中，第五十五条明确了环保信息公开的总体要求，第一百一十一条明确了罚则。

为贯彻《中华人民共和国环境保护法》《中华人民共和国大气污染防治法》《中华人民共和国噪声污染防治法》，防治机动车大气和噪声污染，规范信息公开工作，2023年12月28日，生态环境部部长黄润秋主持召开部常务会议，会议强调，《机动车环保信息公开技术规范》规定了机动车环保信息公开的技术要求，适用于机动车生产、进口企业及检验机构等开展机动车环保信息公开工作，将为机动车环保合规监管提供重要依据。要及时开展标准宣贯培训，推动机动车环保信息公开工作有序开展。要指导机动车环保监管部门加强机动车合规监管，推动公众广泛参与对机动车生产、进口企业的监督，营造公平公正的市场环境。2024年1月17日，生态环境部批准《机动车环保信息公开技术规范》（HJ 1350—2024）为国家生态环境标准，并予发布。

《机动车环保信息公开技术规范》的编制主要从机动车生产、进口企业的角度出发，以全新机动车环保达标管理理念为基础，在具体实施过程对操作及管理细节进行规范与完善。该规范也是吸收融合不同国家先进管理经验，提升机动车生产、进口企业合规经营的重要依据。

开展环保信息公开工作需要用到许多技术内容复杂的标准，也有许多需要谨慎对待的管理要求，这是所有机动车生产、进口企业面临的新挑战。本书对环保信息公开的依据、范围、流程等内容进行了全面总结，对型式检验、变更、更正等工作做了详细说明，对随车清单样式进行了全面汇总。希望通过本书能够更加有效地帮助企业解决环保信息公开中的疑难问题，切实提高企业新生产机动车达标水平，加强企业合法合规经营意识，提升标准实施的精准性和有效性，为进一步提升我国机动车排放控制水平提供有力的支撑。

本书中部分数据合计数或占比数由于单位取舍不同而产生的计算误差均未作机械调整。

编者

2024 年 8 月 8 日

CONTENTS 目录

# 第1章 概 述

当前，我国移动源污染问题日益突出。特别是北京、上海、深圳等大型城市，移动源已经成为大气环境中细颗粒物（$PM_{2.5}$）污染的重要来源。在重污染天气期间，细颗粒物污染的贡献率会更高。同时，由于机动车大多行驶在人口密集区域，尾气排放直接威胁人民群众身体健康。

为切实有效改善空气质量，提升人民群众幸福感。2015年8月29日，全国人民代表大会常务委员会审议通过了新修改的《中华人民共和国大气污染防治法》（以下简称《大气污染防治法》），其中增加了新生产环节移动源环保监管内容。《大气污染防治法》第五十一条规定，机动车船、非道路移动机械不得超过标准排放大气污染物。禁止生产、进口或者销售大气污染物排放超过标准的机动车船、非道路移动机械。第五十二条规定，机动车、非道路移动机械生产企业应当对新生产的机动车和非道路移动机械进行排放检验。经检验合格的，方可出厂销售。检验信息应当向社会公开。第五十五条规定，机动车生产、进口企业应当向社会公布其生产、进口机动车车型的排放检验信息、污染控制技术信息和有关维修技术信息。

为贯彻落实《大气污染防治法》，2016年，环境保护部发布了《关于开展机动车和非道路移动机械环保信息公开工作的公告》（国环规大气〔2016〕3号），要求机动车生产、进口企业应当向社会公布其生产、进口机动车的排放检验信息、污染控制技术信息。2018年，国务院印发了《打赢蓝天保卫战三年行动计划》，要求加强柴油货车超标排放治理，加快降低机动车船污染物排放量，坚决打赢蓝天保卫战，开展柴油货车污染治理攻坚战。同年，经国务院同意，生态环境部等11部门联合印发《柴油货车污染治理攻坚战行动计划》，要求强化机动车环保信息公开。机动车生产、进口企业依法依规公开排放检验、污染控制技术和汽车尾气排放相关的维修技术信息。各地生态环境部门在机动车生产、销售和注册登记等环节加强监督检查，指导监督排放检验机构严格开展柴油车注册登记前的排放检验，通过国家机动车环境监管平台逐车核实环保信息公开情况，进行污染控制装置查验、上线排放检测，确保车辆配置真实性和一致性，2019 年基本实现全覆盖。

为更好地贯彻落实《大气污染防治法》的相关要求，确保机动车环保信息公开工作有序开展，同时为机动车环保达标监督管理部门开展工作提供重要保障，急需出台《机动车环保信息公开技术规范》。机动车环保信息公开是《大气污染防治法》中提出的全新的机动车环保达标管理要求，在具体实施过程中有许多细节需要进一步规范和完善，如环保信息随车清单的模板及制作要求、信息公开流程及要求、信息公开检验技术要求等。这些内容都需要有统一的、规范的标准给出明确的要求。

为了进一步保证有关标准的有效实施与推进，生态环境部《关于开展 2019 年度国家环境保护标准项目实施工作的通知》（环办函〔2019〕461 号）中，下达了《机动车环保信息公开技术规范》制订、修订任务，项目统一编号：2019-40。

2019 年 12 月，生态环境部大气环境司组织召开了《机动车环保信息公开技术规范》开题论证会，邀请北京市机动车排放管理中心、中国环境科学研究院、中国汽车工业协会、唐山市环境监控中心、济南汽车检测中心有限公司、厦门环境保护机动车污染控制技术中心、国家摩托车质量监督检验检测中心（天津）、北京汽车集团有限公司和戴姆勒大中华区投资有限公司等单位的专家，对标准定位和内容进行了论证。会后，标准编制组对国内、欧盟以及美国的现行机动车法规、标准和管理制度进行了收集、研究、对比；调研了国内其他机动车主管部门的管理情况；对国内机动车生产、销售、注册登记情况和主要汽车生产、进口企业随车清单打印、上传情况进行分析、调研；结合我国大气环境管理需求和排放法规发展状况，初步确定了标准的基本框架和主要内容，起草了开题报告和标准草案。

2020 年 5 月，标准编制组组织召开了《机动车环保信息公开技术规范》行业技术交流会，分别与机动车生产企业、地方生态环境部门进行了交流，对会议上收集的意见、建议进行汇总，并对标准相关内容进行了修改。同年年底，生态环境部大气环境司组织召开了标准征求意见稿专家审查会。标准编制组根据专家审查会意见，对征求意见稿和编制说明进行了修改完善。

2022 年 3 月，生态环境部办公厅发布征询意见通知，面向社会公开征求意见。共收到来自 33 家单位的 300 余条反馈意见。标准编制组根据反馈意见与行业企业和协会进行沟通交流，就标准中相关内容达成一致意见。公开征求意见结束后，编制组对征求意见情况进行讨论和处理，形成标准报批稿。

2023 年 9 月，标准编制组组织召开标准送审稿专家审查会，审查委员会一致通过标准审查。

2023 年 12 月，生态环境部大气环境司在司务会上审议了《机动车环保信息公开技术规范（报批稿）》，会议原则通过，建议按相关要求和程序报批并予以发布。

## 1.1 保有量

截至 2022 年，全国机动车保有量达 4.17 亿辆；汽车保有量达 3.19 亿辆，同比增长 5.6%。全国有 84 个城市的汽车保有量超过百万辆，同比增加 5 个城市，39 个城市超过 200 万辆，21 个城市超过 300 万辆（其中，北京、成都、重庆、上海超过 500 万辆，苏州、郑州、西安、武汉超过 400 万辆，深圳、东莞、天津、杭州、青岛、广州、佛山、宁波、石家庄、临沂、长沙、济南、南京 13 个城市超过 300 万辆）。

2014—2022 年，全国机动车保有量由 2.64 亿辆增加到 4.17 亿辆，年均增长 5.88%。全国机动车保有量变化趋势如图 1-1 所示。

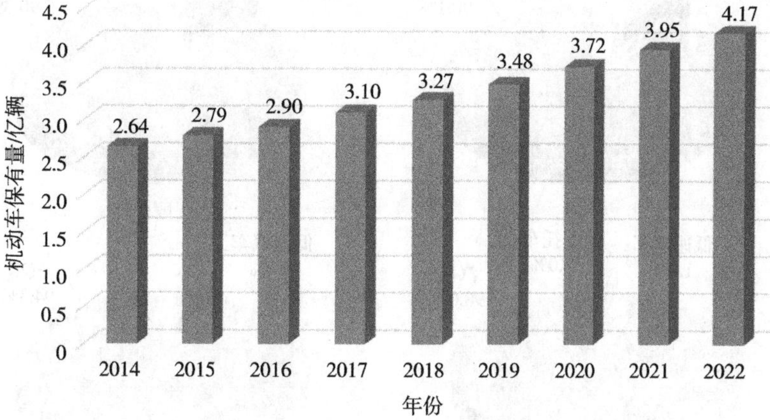


图 1-1　全国机动车保有量变化趋势

2014—2022 年，全国汽车保有量由 1.45 亿辆增加到 3.19 亿辆，年均增长 10.38%。全国汽车保有量变化趋势如图 1-2 所示。

## 1.2 排放量

2022 年，全国机动车四项污染物排放总量为 1 455.7 万吨。其中，一氧化碳（CO）、碳氢化合物（HC）、氮氧化物（$NO_x$）、颗粒物（PM）排放量分别为 741.6 万吨、179.7 万吨、529.1 万吨、5.3 万吨。汽车是污染物排放总量的主要贡献者，其

CO、HC、$NO_x$ 和 PM 的排放量之和超过机动车排放总量的 90%。各类型机动车污染物排放量分担率如图 1-3 所示。

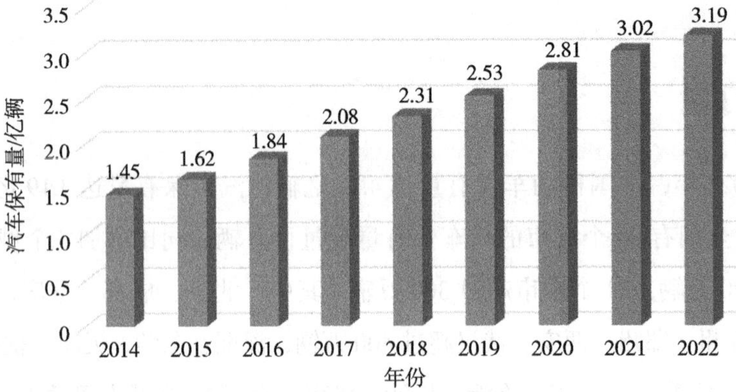


图 1-2　全国汽车保有量变化趋势

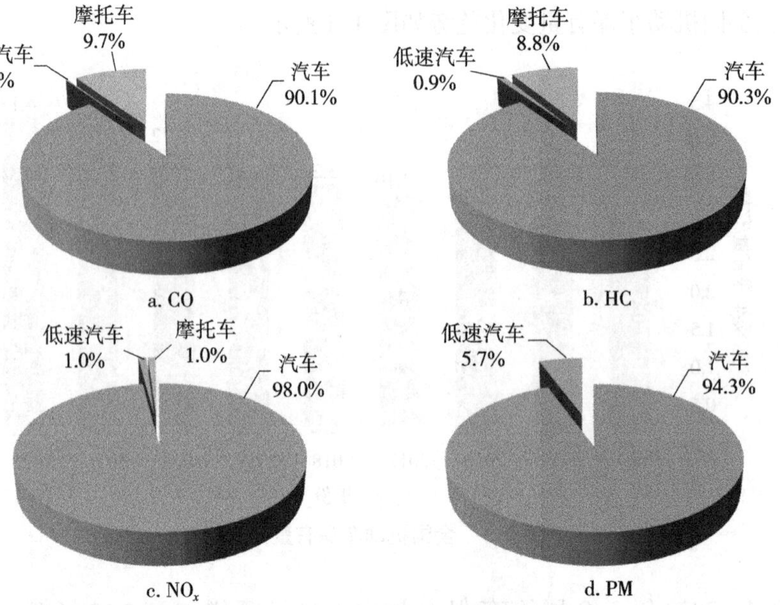


图 1-3　各类型机动车污染物排放量分担率

其中，汽车、低速汽车、摩托车 CO 排放量分别为 667.6 万吨、1.8 万吨、72.2 万吨，占 CO 排放总量的 90.1%、0.2%、9.7%；汽车、低速汽车、摩托车 HC 排放量分别为 162.2 万吨、1.7 万吨、15.8 万吨，占 HC 排放总量的 90.3%、0.9%、8.8%；汽车、低速汽车、摩托车 $NO_x$ 排放量分别为 518.1 万吨、5.5 万吨、5.5 万吨，占 $NO_x$ 排放总量的 98.0%、1.0%、1.0%；汽车、低速汽车 PM 排放量分别为 5.0 万吨、0.3 万吨，占 PM 排放总量的 94.3%、5.7%。

2022年，全国汽车CO、HC、$NO_x$、PM排放量分别为667.6万吨、162.2万吨、518.1万吨、5.0万吨。其中，柴油车排放的$NO_x$占汽车排放总量的80%以上，PM占汽车排放总量的90%以上；而汽油车排放的CO、HC均占汽车排放总量的80%以上。

（1）客车污染物排放情况

2022年，全国客车CO、HC、$NO_x$、PM排放量分别为477.6万吨、124.2万吨、81.8万吨、0.4万吨，占汽车CO、HC、$NO_x$、PM排放总量的71.5%、76.5%、15.8%、8.6%。

进一步分析表明，微型客车的四项污染物排放量分别为3.4万吨、0.8万吨、0.2万吨、0.001万吨；小型客车的四项污染物排放量分别为453.7万吨、120.9万吨、23.7万吨、0.1万吨；中型客车的四项污染物排放量分别为2.6万吨、0.3万吨、3.0万吨、0.03万吨；大型客车的四项污染物排放量分别为17.9万吨、2.2万吨、54.9万吨、0.3万吨。

（2）货车污染物排放情况

2022年，全国货车CO、HC、$NO_x$、PM排放量分别为190.0万吨、38.0万吨、436.3万吨、4.6万吨，占汽车CO、HC、$NO_x$、PM排放总量的28.5%、23.5%、84.2%、91.2%。

进一步分析表明，微型货车的四项污染物排放量分别为0.1万吨、0.01万吨、0.001万吨、0.001万吨；轻型货车的四项污染物排放量分别为120.6万吨、16.3万吨、24.2万吨、1.9万吨；中型货车的四项污染物排放量分别为3.9万吨、0.8万吨、19.1万吨、0.2万吨；重型货车的四项污染物排放量分别为65.4万吨、20.9万吨、393.0万吨、2.5万吨。

按车型划分的四项污染物排放量分担率如图1-4～图1-7所示。

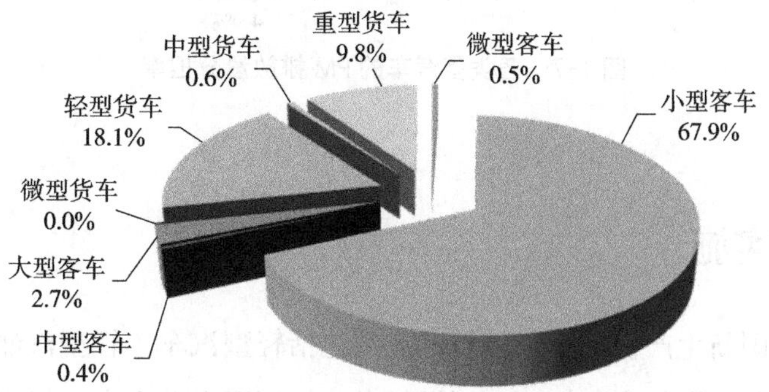


图1-4 各类型汽车的CO排放量分担率

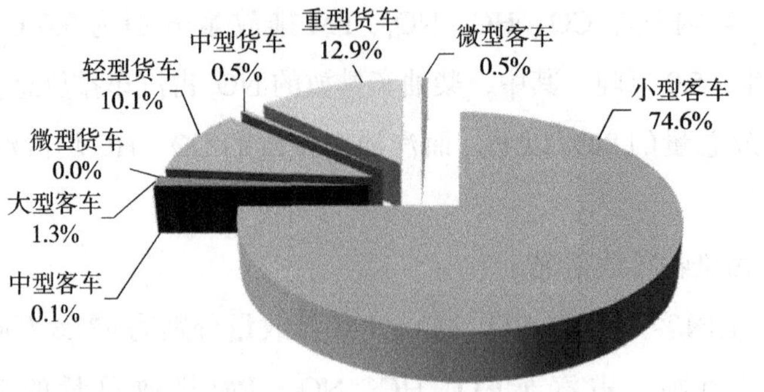


图 1-5　各类型汽车的 HC 排放量分担率

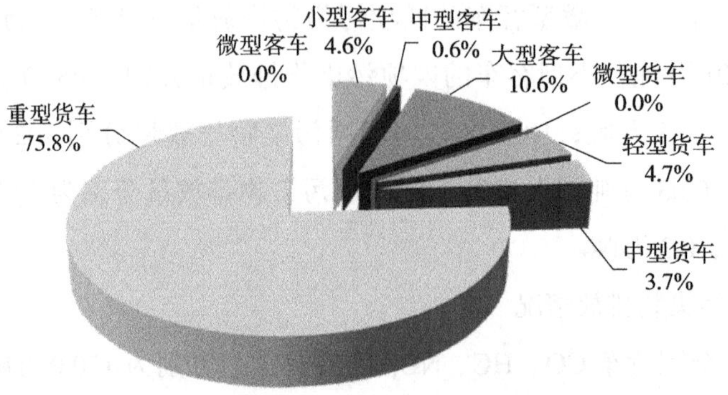


图 1-6　各类型汽车的 $NO_x$ 排放量分担率

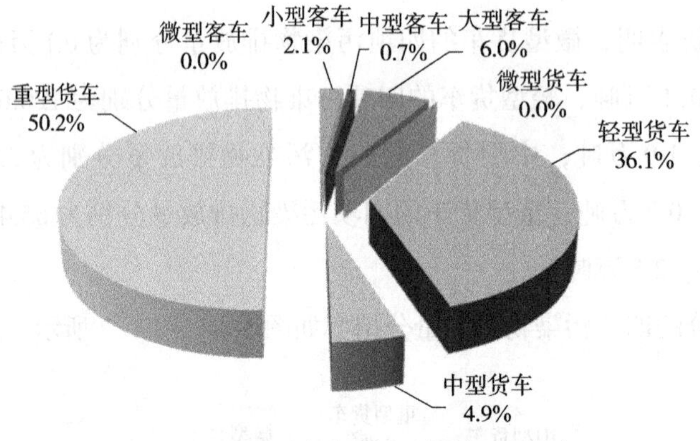


图 1-7　各类型汽车的 PM 排放量分担率

## 1.3　标准实施

目前，我国新生产机动车环境管理范围包括轻型汽车（轻型汽油车、轻型柴油车、轻型单一气体燃料车、轻型两用燃料车、轻型混合动力车、轻型甲醇单燃料汽车、轻型柴油 / 甲醇双燃料汽车等）、重型汽车（重型汽油车、重型柴油车、重型气体燃料车、重型双燃料车、重型混合动力车、重型甲醇单燃料汽车、重型柴油 / 甲醇双燃料汽车等）、车用发动机（重型汽油发动机、重型柴油发动机、重型气体燃料发动机、重型甲醇单燃料发动机、重型柴油 / 甲醇双燃料发动机等）、摩托车、轻便摩托车和三轮汽车。截至 2022 年 12 月 31 日，我国新生产机动车执行的现行标准见表 1-1。

表 1-1 新生产机动车执行的现行标准

| 车辆（发动机）类型 | 标准号 | 标准名称 |
|---|---|---|
| 轻型汽车 | GB 3847—2018 | 《柴油车污染物排放限值及测量方法（自由加速法及加载减速法）》 |
| | GB 18285—2018 | 《汽油车污染物排放限值及测量方法（双怠速法及简易工况法）》 |
| | GB 18352.6—2016 | 《轻型汽车污染物排放限值及测量方法（中国第六阶段）》 |
| | GB 19755—2016 | 《轻型混合动力电动汽车污染物排放控制要求及测量方法》 |
| | GB 1495—2002 | 《汽车加速行驶车外噪声限值及测量方法》 |
| | HJ 1137—2020 | 《甲醇燃料汽车非常规污染物排放测量方法》 |
| 重型汽车（发动机） | GB 17691—2018 | 《重型柴油车污染物排放限值及测量方法（中国第六阶段）》 |
| | GB 3847—2018 | 《柴油车污染物排放限值及测量方法（自由加速法及加载减速法）》 |
| | GB 18285—2018 | 《汽油车污染物排放限值及测量方法（双怠速法及简易工况法）》 |
| | GB 14762—2008 | 《重型车用汽油发动机与汽车排气污染物排放限值及测量方法（中国Ⅲ、Ⅳ阶段）》 |
| | GB 20890—2007 | 《重型汽车排气污染物排放控制系统耐久性要求及试验方法》 |
| | GB 11340—2005 | 《装用点燃式发动机重型汽车　曲轴箱污染物排放限值及测量方法》 |
| | GB 14763—2005 | 《装用点燃式发动机重型汽车　燃油蒸发污染物排放限值及测量方法（收集法）》 |
| | GB 1495—2002 | 《汽车加速行驶车外噪声限值及测量方法》 |
| | HJ 857—2017 | 《重型柴油车、气体燃料车排气污染物车载测量方法及技术要求》 |
| | HJ 437—2008 | 《车用压燃式、气体燃料点燃式发动机与汽车车载诊断（OBD）系统技术要求》 |
| | HJ 438—2008 | 《车用压燃式、气体燃料点燃式发动机与汽车排放控制系统耐久性技术要求》 |
| | HJ 439—2008 | 《车用压燃式、气体燃料点燃式发动机与汽车在用符合性技术要求》 |
| | HJ 1137—2020 | 《甲醇燃料汽车非常规污染物排放测量方法》 |
| | HJ 1239—2021 | 《重型车排放远程监控技术规范》 |

续表

| 车辆（发动机）类型 | 标准号 | 标准名称 |
|---|---|---|
| 摩托车 | GB 14622—2016 | 《摩托车污染物排放限值及测量方法（中国第四阶段）》 |
| | GB 18176—2016 | 《轻便摩托车污染物排放限值及测量方法（中国第四阶段）》 |
| | GB 14621—2011 | 《摩托车和轻便摩托车排气污染物排放限值及测量方法（双怠速法）》 |
| | GB 16169—2005 | 《摩托车和轻便摩托车　加速行驶噪声限值及测量方法》 |
| | GB 19758—2005 | 《摩托车和轻便摩托车排气烟度排放限值及测量方法》 |
| 低速汽车 | GB 19756—2005 | 《三轮汽车和低速货车用柴油机排气污染物排放限值及测量方法（中国Ⅰ、Ⅱ阶段）》 |
| | GB 19757—2005 | 《三轮汽车和低速货车加速行驶车外噪声限值及测量方法（中国Ⅰ、Ⅱ阶段）》 |
| | GB 18322—2002 | 《农用运输车自由加速烟度排放限值及测量方法》 |

全国新生产机动车排放标准实施进度如表 1-2 所示。

表 1-2　全国新生产机动车排放标准实施进度

| 车型 | | 年份 | | | | | | | | | | | | | | | | | | | | | | | |
|---|---|---|---|---|---|---|---|---|---|---|---|---|---|---|---|---|---|---|---|---|---|---|---|---|---|
| | | 1999 | 2000 | 2001 | 2002 | 2003 | 2004 | 2005 | 2006 | 2007 | 2008 | 2009 | 2010 | 2011 | 2012 | 2013 | 2014 | 2015 | 2016 | 2017 | 2018 | 2019 | 2020 | 2021 | 2022 |
| 轻型汽车 | 柴油车 | 无控制要求 | | 国Ⅰ | | | | 国Ⅱ | | | 国Ⅲ | | | | | 国Ⅳ | | | | | 国Ⅴ | | 国Ⅵ | | |
| | 汽油车 | 无控制要求 | | 国Ⅰ | | | | 国Ⅱ | | | 国Ⅲ | | | 国Ⅳ | | | | | | 国Ⅴ | | | 国Ⅵ | | |
| | 气体燃料车 | 无控制要求 | | 国Ⅰ | | | | 国Ⅱ | | | 国Ⅲ | | | 国Ⅳ | | | | | | 国Ⅴ | | | 国Ⅵ | | |
| 重型汽车 | 柴油车 | 无控制要求 | | 国Ⅰ | | | 国Ⅱ | | | | 国Ⅲ | | | | | 国Ⅳ | | | | 国Ⅴ | | | 国Ⅵ | | |
| | 汽油车 | 无控制要求 | | | | 国Ⅰ | 国Ⅱ | | | | | | 国Ⅲ | | | 国Ⅳ | | | | | | | | | |
| | 气体燃料车 | 无控制要求 | | 国Ⅰ | | | 国Ⅱ | | | | 国Ⅲ | | | 国Ⅳ | | 国Ⅴ | | | | | | 国Ⅵ | | | |
| 摩托车 | 两轮和轻便摩托车 | 无控制要求 | | | | | 国Ⅰ | | 国Ⅱ | | | | 国Ⅲ | | | | | | | | | 国Ⅳ | | | |
| | 三轮摩托车 | 无控制要求 | | | | 国Ⅰ | | 国Ⅱ | | | | | | 国Ⅲ | | | | | | | | 国Ⅳ | | | |
| 三轮汽车 | | 无控制要求 | | | | | | | | 国Ⅰ | 国Ⅱ | | | | | | | | | | | | | | |
| 低速货车 | | 无控制要求 | | | | | | | | 国Ⅰ | 国Ⅱ | | | | | | | | | 无此类车 | | | | | |

# 1.4 环保信息公开情况

机动车环保信息公开是贯彻落实《大气污染防治法》的要求，根据《关于开展机动车和非道路移动机械环保信息公开工作的公告》（国环规大气〔2016〕3 号），机动车生产、进口企业应在产品出厂或货物入境前，以随车清单的方式公开其生产、进口机动车的排放检验信息和污染控制技术信息。

## 1.4.1 车型

2022 年，共有 1 343 家机动车企业 28 145 个车型进行了信息公开，包括 151 家企业进口的 1 130 个车型和 1 195 家国内企业生产的 27 015 个车型。

（1）轻型车环保信息公开情况

共有 472 家企业 4 734 个车型进行了信息公开。其中含 101 家企业进口的 661 个车型、372 家国内企业生产的 4 073 个车型。

（2）重型车环保信息公开情况

共有 895 家企业 18 850 个车型进行了信息公开。其中含 19 家企业进口的 56 个车型、877 家国内企业生产的 18 794 个车型。

（3）摩托车环保信息公开情况

共有 181 家企业 1 348 个车型进行了信息公开。其中含 45 家企业进口的 380 个车型、137 家国内企业生产的 968 个车型。

（4）电动车环保信息公开情况

共有 319 家企业 3 213 个车型进行了信息公开。其中含 10 家企业进口的 33 个车型、309 家国内企业生产的 3 180 个车型。

## 1.4.2 随车清单

2022 年，全国共有 1 356 家企业公开随车清单 29 527 331 张，包括 164 家企业公开的 1 000 698 张进口车随车清单和 1 198 家企业公开的 28 526 633 张国产车随车清单。

（1）轻型车随车清单公开情况

共有 525 家企业公开了 18 577 441 张随车清单，占随车清单公开总数的 62.9%。其中含 108 家企业公开的 819 726 张进口车随车清单，417 家企业公开的 17 757 715 张国产车随车清单。

（2）重型车随车清单公开情况

共有 890 家企业公开了 1 234 994 张随车清单，占随车清单公开总数的 4.2%。其中含 20 家企业公开的 2 337 张进口车随车清单，872 家企业公开的 1 232 657 张国产车随车清单。

（3）摩托车随车清单公开情况

共有 218 家企业公开了 4 891 208 张随车清单，占随车清单公开总数的 16.6%。其中含 50 家企业公开的 160 770 张进口车随车清单，172 家企业公开的 4 730 438 张国产车随车清单。

（4）电动车随车清单公开情况

共有 276 家企业公开了 4 823 688 张随车清单，占随车清单公开总数的 16.3%。其中含 10 家企业公开的 17 865 张进口车随车清单，266 家企业公开的 4 805 823 张国产车随车清单。

2022 年机动车不同车型随车清单公开数量占比情况如图 1-8 所示。

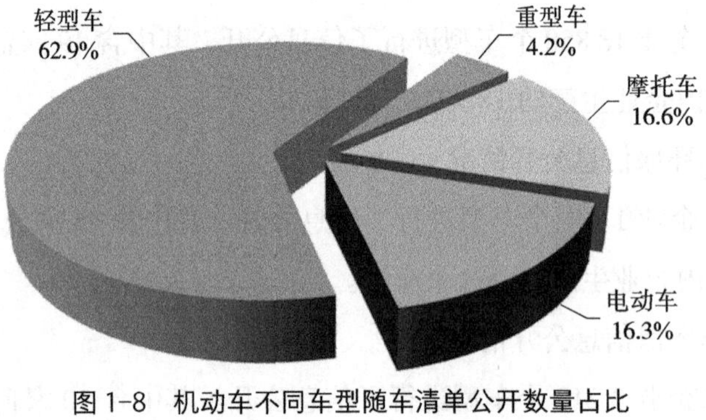


图 1-8　机动车不同车型随车清单公开数量占比

# 第 2 章　机动车环保管理背景简介

## 2.1　欧洲管理

### 2.1.1　市场准入

欧洲联盟（European Union，EU，以下简称欧盟）是由欧洲共同体（European Communities，EC）发展而来的，是一个集政治实体和经济实体于一身，在世界上具有重要影响的区域一体化组织。欧盟汽车市场是全球汽车销售量最大的市场，已形成完善的一体化模式并在国际上产生深远的影响，建立了统一的汽车产品市场准入管理制度和与之相配套的汽车技术法规体系。在对汽车产品的管理上，欧盟的汽车产品市场准入管理制度和汽车技术法规体系具备以下几个显著特点。

通过立法，在整个欧盟建立了统一的汽车产品市场准入管理制度，各国间互相承认对汽车产品的批准，使汽车产品在欧盟各国间自由流通，极大地减少了企业认证和贸易的成本。

对汽车产品从整车到零部件，建立了完善的市场准入管理制度系统，其形式为汽车产品的型式核准制度，确保政府对汽车产品的安全、环保和节能实施有效的控制。

欧盟的汽车产品型式核准制度和技术法规体系，在很大程度上实现了和联合国欧洲经济委员会（ECE）汽车技术法规的对接和对等，未来欧盟将用 ECE 法规替代 EEC/EC 技术指令。

欧盟不仅对新车产品的入市建立了统一的型式核准制度，而且贯穿车辆的整个使用和生命周期，包括对车辆在用阶段的管理，定期检验，车辆使用的各种税费，直至车辆的报废和回收利用，同样建立了全欧盟统一的管理制度和技术法规体系。

欧盟的这套制度及其汽车技术法规在国际上产生了非常深远的影响，在建立完善的汽车产品市场准入管理体制和建立汽车技术法规体系，以及建立汽车一体化市场的过程中，很多国家和地区以欧盟的制度和体系为参照典范。我国的汽车强制性标准体系绝大部分参考借鉴 EEC/EC 技术指令和 ECE 法规制定，我国在对汽车产品建立法治化管理制度时，也常借鉴欧盟的管理制度。

### 2.1.2　管理方式

欧盟通过汽车产品的型式核准来实施 EEC/EC 技术指令，随着 2007/46/EC 指令的实施，欧盟 27 国已逐步对所有 M、N、O 类汽车产品强制实施统一的型式核准制度。

欧盟汽车产品型式核准程序和 ECE 汽车产品型式核准程序相似，与 ECE 法规体系不同，EEC/EC 技术指令是在所有成员国内强制执行。欧盟对汽车产品统一的型式核准制度具体运作依托各个成员国，由各成员国自行确定一个负责的政府主管机关，大部分国家确定运输主管部门为各自国家负责汽车产品型式核准的主管机关。

欧盟在开展汽车整车型式核准的同时，仍保留汽车零部件的型式核准，与整车认证不同的是，欧盟各成员国既可以根据汽车零部件产品本身粘贴的认证核准标志予以认可，也可以根据该产品的型式核准予以认可。

在欧盟的整车型式核准制度中，整车的型式核准在其中起着非常重要的作用，企业生产的某一车型获得核准后，欧盟各国的车辆注册机关可根据型式核准结果对车辆进行注册登记，没有获得型式核准的车辆无法进入欧盟市场。

欧盟对生产一致性的管理和控制包括两部分内容，第一为型式核准时的审查，第二为核准后的监督审查。这两部分的审查原则上要保证使核准机关对企业的生产一致性控制达到满意的程度。企业要确保向核准机关提供相关的资料（如 ISO 9000、TS 16949 系列认证证书、质量控制文件等），在核准后的监督审查中，企业要提供为保证生产一致性已做的试验数据和检查记录等。在生产一致性审查中，现在已没有固定的频次规定，主管机关可以随时到企业进行现场检查，可以在企业随机抽取样车在厂家的试验室或技术服务机构进行验证试验，如果主管机关对企业的生产一致性控制不满意，将要求企业整改。

根据欧盟的汽车型式批准程序，车辆生产厂家可以任意采取下列两种方式之一获取欧盟的整车型式批准：

一是在欧盟的整车型式批准时一次性做完 2001/116/EC（2009 年 4 月 29 日后，则按照 2007/46/EC）中所规定的各个零部件检验项目（检验按照相应的 EEC/

EC 技术指令进行），合格后即获得 EEC/EC 技术指令整车型式批准；二是由厂家先在不同的时间内分阶段、分步骤进行 2001/116/EC（2009 年 4 月 29 日后，则按照 2007/46/EC）中规定的所有零部件项目的单项 EEC/EC 技术指令认证，再凭这些项目的型式批准证书获取 EEC 整车型式批准。

## 2.2　美国管理

### 2.2.1　市场准入

与其他国家和地区相比，美国在对汽车产品和市场准入的管理及其相配套的技术法规上有其独特的特点。由汽车生产厂家对其进入市场的产品自行负责，即美国对汽车产品市场准入主要实施自我认证模式；美国联邦政府对进入市场的汽车产品实施严格的后续监督和抽查工作，对不符合美国汽车技术法规或存在安全、环保缺陷的车辆实施严格的产品召回制度。

除此之外，美国联邦政府在对汽车产品的准入管理上，平行地分为安全认证和环保认证两部分。汽车安全、节能、防盗方面的管理主要由美国运输部国家公路交通安全管理局（DOT/NHTSA）负责，美国的汽车安全认证常称为 DOT 认证，它是完全的企业自我认证模式，政府不对产品认证作出批准和任何认可；汽车环保方面的管理由美国国家环境保护局（EPA）负责，主要对机动车的排放进行测试，通过车辆的耐久性和排放值来证实其是否符合环境保护的最低标准。企业进入美国市场时，在整个程序上（包括新车的准入和后续的监督管理）须分头对应这两个管理部门。汽车环保认证目前已经成为形式上由政府批准、实际操作中融入大量自我认证要素的认证模式。

近年来，EPA 对汽车产品的认证建立了网络化的电子管理系统，美国联邦政府对汽车产品的管理具有十分详尽而完备的法律依据，对争端或违规行为常通过诉诸法律程序来解决。在美国汽车产品市场准入管理上，除联邦政府这一级管理外，美国各州政府也涉及管理，美国加利福尼亚州制定并实施比联邦法规更严格的排放法规，这一点对于开拓美国市场尤其重要。根据美国相关法律和司法实践，对汽车产品的安全、环保和节能由美国联邦政府制定技术法规，各州政府无权在联邦法规已存在的条件下制定州法规，到目前为止，美国 51 个州（特区）中只有加利福尼亚州获得单独制定、实施独特的汽车污染物排放控制技术法规的特权。尽管目前只有美国加利福尼亚州有权制定其独特的汽车技术法规，但根据美国《清洁空气法》的规定，美国其他各州也可以采用加利福尼亚州已批准发布的汽车技术法规，美国加利福尼亚州目前的汽车排放法规不仅在加利福尼亚州实施，同时已在或即将在美国其他州实施。

美国联邦政府除了在汽车产品入市后实施召回制度，还针对汽车产品的质量保证制定并实施“柠檬法”，具体制定和实施工作由美国各州政府负责。建立了由各州政府实施的在用车排放控制和管理制度——I/M（检验和保养）制度。在美国联邦政府技术法规没有涉及的地方，美国各州有权制定汽车安全、环保相关的州法规，这些法规大部分涉及车辆的保养和使用方面。

### 2.2.2 管理方式

美国《清洁空气法》授权给 EPA 对新生产机动车进行监督检查和测试的权力，检验生产企业批量生产产品，以及最终产品是否符合法规。美国的监督管理以企业自检查为主、EPA 审核资料为辅，主要有监督管理、企业自检查和选择性强制检查 3 种方式。

监督管理方面，美国《清洁空气法》section 206 授权 EPA 对新生产发动机进行监督检查和测试：检验生产企业批量生产产品，以及最终产品是否符合法规；每个发动机是否正确安装了零部件；生产企业的认证测试程序是否正确；使用寿命期内的发动机是否符合法规限值。因此，监督管理分为 EPA 检查和企业自检查两部分，以企业自检查为主、EPA 审核资料为辅（不排除 EPA 亲自检查），通过一系列检查方法保证发动机排放在整个使用寿命期内达标。

企业自检查方面，企业自检查包括四部分，分别是“确认试验”、“审核过程”、“生产线试验”和“在用发动机检测”。

确认试验（Confirmatory Testing）：要求发动机生产企业对新机型（Prototype）进行确认试验，试验结果和信息需报 EPA，并作为认证申请内容。

审核过程：EPA 可能要求在 EPA 试验室对该新机型进行重复试验。生产企业应将有关记录保留 8 年（包括试验条件和测试数据等原始记录）。

生产线试验（Production-line Testing，PLT）：生产企业应对其下线的发动机进行排放试验，并运用统计学方法对结果进行生产一致性确认，希望通过早期的控制手段来检查和修正错误，将排放控制费用最小化。EPA 对进行 PLT 的抽样数量有规定，生产企业应将 PLT 结果报告给 EPA（每季度前 45 天内），并将相关记录保留 8 年。

若 PLT 结果表明某一系族出现超标情况，则暂停该系族认证证书。EPA 将与生产企业一起检查和调查生产问题，生产企业必须采取补救措施。恢复认证证书是在 PLT 结果通过 EPA 检查后，生产企业应提交一份同初次检查时相同的报告和申请来恢复生产。

在用发动机检测：生产企业应对实际使用 1 年以上的发动机进行检测，以确认在有效使用寿命期内的发动机能持续符合排放标准的要求。相关检测信息同样需要向 EPA 汇报。

选择性强制检查（Selective Enforcement Auditing，SEA）方面，EPA 可以对所有发动机和机动车生产企业进行选择性强制检查，并通过检查来验证生产企业申报数据的可信性以及检测程序是否符合法规要求等情况。上述内容可以通过在 EPA 监督的试验室下进行一次同样的确认试验来验证。SEA 对象的选取来自生产企业汇报给 EPA 的产品计划，EPA 从这些计划中选择被测样品。有关 SEA 结果生产企业应保留 1 年以上。

## 2.3 我国管理

### 2.3.1 型式核准

机动车环保型式核准是按照国家机动车排放标准的要求，对机动车生产企业新设计定型的机动车产品进行环境风险评估和排放达标能力考核的环保管理制度。企业按要求向政府主管部门提交新设计定型机动车的技术资料，审核合格后，由政府主管部门发放环保型式核准证书并发布环保达标车型公告。

机动车环保型式核准是移动源源头监管的重要手段，也是国际通用的机动车污染源头管理制度。例如，EPA 独立对机动车环保指标进行核准，欧洲国家的环保部门与其他部门对机动车环保和安全指标进行联合核准。

1998 年国务院批复的国家环境保护总局“三定”方案规定，机动车污染防治监督管理的职能划入国家环境保护总局；2008 年国务院办公厅印发《环境保护部主要职责内设机构和人员编制规定》（国办发〔2008〕73 号）再次明确，环境保护部负责“组织制定各类环境保护标准、基准和技术规范”“制定机动车污染防治管理制度并组织实施”。

自 2000 年以来，我国逐步建立了覆盖发动机和整车、国产和进口、道路和非道路、排气和噪声污染的全方位机动车环保型式核准制度。2002年起，国家环境保护总局率先利用网络开展环保型式核准审核，按月发布环保达标公告，向公众公开机动车环保达标信息。截至2016年1月，发布的机动车环保达标公告中共有26万个机动车车型和发动机机型通过环保型式核准。

2016年1月1日，新修订的《大气污染防治法》实施后，取消了环保型式核准制度，不再进行审核、批准等行政审批。

### 2.3.2 大气污染防治法

1987年9月5日，全国人民代表大会常务委员会通过了《大气污染防治法》。该法第三十条规定："机动车船向大气排放污染物不得超过规定的排放标准，对超过规定的排放标准的机动车船，应当采取治理措施。污染物排放超过国家规定的排放标准的汽车，不得制造、销售或进口。具体监督管理办法由国务院规定。"该法为控制机动车排放污染提供了基本法律依据，但是没有对违反排放标准的行为规定处罚措施，而将监督汽车排放污染的具体办法，授权给国务院立法。

1990年8月15日，国家环境保护局、公安部、国家进出口商品检验局、中国人民解放军总后勤部、交通部、中国汽车工业总公司发布了《汽车排气污染监督管理办法》。该监督管理办法规定了新生产汽车及其发动机产品、在用汽车、进口汽车的排放监督管理以及排放检测管理程序和要求。

1995年8月29日，对《大气污染防治法》进行第一次修改，规定了国家逐步淘汰车用含铅汽油，但是未对机动车环境管理要求进行修订。

2000年4月29日，第九届全国人民代表大会常务委员会第十五次会议通过了修改的《大气污染防治法》，这是我国对该法的第二次修改。第二次修改的《大气污染防治法》在控制机动车排放污染方面取得了巨大进展，该法在六章的篇幅中专设第四章"防治机动车船污染"，并且在第六章"法律责任"中对违反该法的机动车排放污染行为，设定了处罚措施。

该法补充规定了超标生产、销售、进口机动车的法律责任，规定了在用机动车必须符合排放标准，明确了定期排放检测制度，首次提出了车用燃料油质量控制方向，进一步明确淘汰含铅汽油，对地方机动车排放标准的审批规定了特别程序。

2015年8月29日，《大气污染防治法》再次修订，此次修订确立了新车环保信息公开制度和召回制度；在用车方面明确了机动车环保定期检验和机动车安全技术检验"两检合一"；明确了新车和在用车监管的职能分工，明确提出移动源超标排放和未按规定信息公开的处罚条款，全面构建了移动源治理体系。

2018 年 10 月 26 日，第十三届全国人民代表大会常务委员会第六次会议对《中华人民共和国大气污染防治法》进行修定：将“质量监督部门”“质量监督、工商行政管理部门”修改为“市场监督管理部门”，将“环境保护主管部门”修改为“生态环境主管部门”，将“出入境检验检疫机构”修改为“海关”等内容。

具体条款如下：

**第五十二条** 机动车、非道路移动机械生产企业应当对新生产的机动车和非道路移动机械进行排放检验。经检验合格的，方可出厂销售。检验信息应当向社会公开。

省级以上人民政府生态环境主管部门可以通过现场检查、抽样检测等方式，加强对新生产、销售机动车和非道路移动机械大气污染物排放状况的监督检查。工业、市场监督管理等有关部门予以配合。

**第五十五条** 机动车生产、进口企业应当向社会公布其生产、进口机动车车型的排放检验信息、污染控制技术信息和有关维修技术信息。

机动车维修单位应当按照防治大气污染的要求和国家有关技术规范对在用机动车进行维修，使其达到规定的排放标准。交通运输、生态环境主管部门应当依法加强监督管理。

禁止机动车所有人以临时更换机动车污染控制装置等弄虚作假的方式通过机动车排放检验。禁止机动车维修单位提供该类维修服务。禁止破坏机动车车载诊断系统。

**第一百一十一条** 违反本法规定，机动车生产、进口企业未按照规定向社会公布其生产、进口机动车车型的排放检验信息或者污染控制技术信息的，由省级以上人民政府生态环境主管部门责令改正，处五万元以上五十万元以下的罚款。

违反本法规定，机动车生产、进口企业未按照规定向社会公布其生产、进口机动车车型的有关维修技术信息的，由省级以上人民政府交通运输主管部门责令改正，处五万元以上五十万元以下的罚款。

### 2.3.3 环保信息公开制度

（1）主体

为贯彻落实《大气污染防治法》第五十二条和第五十五条的要求，加快推进机动车和非道路移动机械环境管理的系统化、科学化、法治化、精细化和信息化，根据国务院关于简政放权、放管结合、优化服务、便民惠民的决策部署要求，2016 年，环境保护部印发了《关于开展机动车和非道路移动机械环保信息公开工作的公告》（国环规大气〔2016〕3 号）。文件规定了机动车和非道路移动机械生产、进口企业是信息公开主体。应当向社会公开其生产、进口机动车和非道路移动机械的环保信息，包括排放检验信息和污染控制技术信息，并对信息公开的真实性、准确性、及时性、完整性负责。

（2）内容

机动车和非道路移动机械环保信息公开内容包括机动车和非道路移动机械相关企业的基本信息；机动车和非道路移动机械污染控制技术信息；机动车和非道路移动机械排放检验信息（如型式检验、生产一致性检验、在用符合性检验和下线检验信息等），包括检测结果、检验条件、仪器设备、检验机构信息等。

（3）时间和方式

信息公开的时间和方式方面的要求，机动车生产、进口企业应在产品出厂或货物入境前，以随车清单的方式公开主要环保信息；非道路移动机械生产、进口企业应在产品出厂或货物入境前，在机身明显位置粘贴环保信息标签，公开主要环保信息；机动车和非道路移动机械生产、进口企业应在产品出厂或货物入境前，在本企业官方网站公开机动车和非道路移动机械环保信息，并同步上传至生态环境部机动车和非道路移动机械环保信息公开系统（以下简称环保信息公开系统），以供政府有关部门、公众和企业查询使用。暂不具备在本企业官方网站公开机动车和非道路移动机械环保信息条件的生产、进口企业，应在产品出厂或者货物入境前，在环保信息公开系统上公开机动车和非道路移动机械环保信息。

（4）监督管理

各省级生态环境主管部门建立机动车和非道路移动机械检验信息核查机制，通过现场检查、抽样检查等方式，加强对机动车和非道路移动机械环保信息公开工作的监督管理，督促机动车、非道路移动机械生产、进口企业按要求进行信息公开。鼓励社会公众对机动车和非道路移动机械生产、进口企业公开的环保信息进行监督，依法通过环保举报平台反映有关问题，各省级生态环境主管部门要及时查处公众举报反映的问题。

对于未按照要求真实、准确、及时、完整公开机动车和非道路移动机械环保信息的，各省级生态环境主管部门应依照《大气污染防治法》对相关企业予以处罚，处罚结果要及时向社会公开，并同步上传至环保信息公开系统。

（5）实施时间

机动车和非道路移动机械生产、进口企业应当依据国家有关排放标准的规定进行型式检验，并向社会公开其排放检验信息和污染控制技术信息。自 2017 年 1 月 1 日起，机动车生产、进口企业应将新生产、进口机动车的环保信息，按照规定的时间和方式予以公开；2017 年 7 月 1 日起，非道路移动机械生产、进口企业应将新生产、进口非道路移动机械的环保信息，按照规定的时间和方式予以公开。

《关于开展机动车和非道路移动机械环保信息公开工作的公告》（国环规大气〔2016〕3 号）的发布，标志着我国新车环境管理从型式核准制度向环保信息公开制度的转变，强调生产、进口企业的主体责任，我国新车环境管理的重心从事前监管向事中、事后监管转移，同时，机动车环保信息公开清单也为地方机动车注册登记、标准实施提供支持，全面向公众公开机动车和非道路移动机械的环保信息，强化社会监督的作用。

（6）信息公开技术规范

为贯彻《中华人民共和国环境保护法》《大气污染防治法》《中华人民共和国噪声污染防治法》，防治机动车大气和噪声污染，规范信息公开工作。2023 年 12 月 28 日，生态环境部部长黄润秋主持召开部常务会议，会议强调，《机动车环保信息公开技术规范》规定了机动车环保信息公开的技术要求，适用于机动车生产、进口企业及检验机构等开展机动车环保信息公开工作，将为机动车环保合规监管提供重要依据。要及时开展标准宣贯培训，推动机动车环保信息公开工作有序开展。要指导机动车环保监管部门加强机动车合规监管，推动公众广泛参与对机动车生产、进口企业的监督，营造公平公正的市场环境。

2024 年 1 月 17 日，生态环境部批准《机动车环保信息公开技术规范》（HJ 1350—2024）为国家生态环境标准，并予发布。

### 2.3.4　发展与收益

环保信息公开制度的建立和《机动车环保信息公开技术规范》标准的发布细化了机动车环保信息公开的具体要求，为企业及新车检验机构规范开展机动车环保信息公开工作提供了依据，为各级生态环境主管部门开展机动车环保合规监督检查提供了保障。

该标准的制定细化、补充了《大气污染防治法》和《关于开展机动车和非道路移动机械环保信息公开工作的公告》（国环规大气〔2016〕3 号）中未明确规定的内容，进一步明确了机动车生产、进口企业在开展机动车环保信息公开工作时需要注意的事项。

《机动车环保信息公开技术规范》的制定进一步明确了机动车环保信息公开应包含车辆和发动机的基本信息、污染控制技术信息、型式检验信息、下线检验信息、企业信息等内容；明确了机动车生产、进口企业公开排放检验信息和污染控制技术信息等相关内容的基本要求；明确了机动车生产、进口企业完成信息公开的时间节点以及完成信息公开的方式。

此外，《机动车环保信息公开技术规范》还对信息公开的流程、变更更正、账户管理和随车清单模板等具体细节进行了规范，有针对性地解决了机动车环保信息公开实施中遇到的实际问题，提高了企业自主公开的准确性和时效性。

推进《机动车环保信息公开技术规范》的制定与实施对遏制移动源排放污染、打击机动车污染控制装置作假有直接的作用，不仅有利于营造公平和公正的市场环境，有利于守法合规企业健康良性地发展，而且可以为有效指导机动车环保监管部门开展机动车环保合规监督检查工作提供重要依据。

《机动车环保信息公开技术规范》的制定贯彻落实了《大气污染防治法》中对信息公开的相关规定，是有效推动机动车环保信息公开制度的有效实施。机动车环保信息公开技术规范所明确的内容也将对鼓励企业承担社会责任、树立企业环保形象产生积极的作用。

此外，《机动车环保信息公开技术规范》还有助于推动公众参与对机动车生产、进口企业的监督，通过舆论的力量规范企业行为，切实保障了公众的知情权、参与权和监督权；有利于塑造责任环保、透明环保、阳光环保的管理理念；同时，对落实科学发展观、深化政府行政改革也具有领跑和示范的积极作用。

# 第3章　环保信息公开规范要求

## 3.1　标准依据

《大气污染防治法》第五十二条、第五十五条明确了机动车、非道路移动机械生产、进口企业应当向社会公开检验信息、污染控制技术信息和有关维修技术信息。此外，第一百一十一条明确了违反信息公开的罚则以及省级以上人民政府生态环境主管部门的监管职能。

《关于开展机动车和非道路移动机械环保信息公开工作的公告》（国环规大气〔2016〕3号）是对《大气污染防治法》要求的进一步明确，此公告明确了机动车和非道路移动机械生产、进口企业是信息公开的主体；明确了企业基本信息、污染控制技术信息，以及包括型式检验、生产一致性检验、在用符合性检验和出厂检验信息，包括检测结果、检验条件、仪器设备、检测机构信息等在内的排放检验信息是信息公开内容；明确了机动车生产、进口企业应在产品出厂或货物入境前，以随车清单的方式公开主要环保信息的时间和方式；明确了各省级生态环境主管部门和社会公众对信息公开的监督管理职能和义务。

《机动车环保信息公开技术规范》（HJ 1350—2024）是对上述法规标准要求的全面细化和具体操作落地的指导性标准，此标准规定了机动车环保信息公开的主体、内容、时间、方式、检验技术要求，以及环保信息随车清单的样式和项目。适用于机动车生产、进口企业及检验机构开展机动车环保信息公开工作。

## 3.2　规范性引用文件

《机动车环保信息公开技术规范》（HJ 1350—2024）引用了下列文件或其中的条款。未注明日期的引用文件，其有效版本适用于HJ 1350—2024。

GB 1495　汽车加速行驶车外噪声限值及测量方法

GB 3847　柴油车污染物排放限值及测量方法（自由加速法及加载减速法）

GB 7258　机动车运行安全技术条件

GB 11340　装用点燃式发动机重型汽车　曲轴箱污染物排放限值及测量方法

GB 14622　摩托车污染物排放限值及测量方法（中国第四阶段）

GB 14762　重型车用汽油发动机与汽车排气污染物排放限值及测量方法（中国Ⅲ、Ⅳ阶段）

GB 14763　装用点燃式发动机重型汽车　燃油蒸发污染物排放限值及测量方法（收集法）

GB 16169　摩托车和轻便摩托车　加速行驶噪声限值及测量方法

GB 16735　道路车辆　车辆识别代号（VIN）

GB 17691　重型柴油车污染物排放限值及测量方法（中国第六阶段）

GB 18176　轻便摩托车污染物排放限值及测量方法（中国第四阶段）

GB 18285　汽油车污染物排放限值及测量方法（双怠速法及简易工况法）

GB 18322　农用运输车自由加速烟度排放限值及测量方法

GB 18352.6　轻型汽车污染物排放限值及测量方法（中国第六阶段）

GB 19757　三轮汽车和低速货车加速行驶车外噪声限值及测量方法（中国Ⅰ、Ⅱ阶段）

GB 20890　重型汽车排气污染物排放控制系统耐久性要求及试验方法

GB 20891　非道路移动机械用柴油机排气污染物排放限值及测量方法（中国第三、四阶段）

GB 30510　重型商用车辆燃料消耗量限值

GB/T 788　图书和杂志开本及其幅面尺寸

GB/T 19233　轻型汽车燃料消耗量试验方法

GB/T 19753　轻型混合动力电动汽车能量消耗量试验方法

GB/T 21085　机动车出厂合格证

GB/T 27840　重型商用车辆燃料消耗量测量方法

HJ 1014　非道路柴油移动机械污染物排放控制技术要求

HJ 1137　甲醇燃料汽车非常规污染物排放测量方法

HJ/T 390　环境保护产品技术要求　汽油车燃油蒸发污染物控制系统（装置）

## 3.3 一般要求

HJ 1350—2024 规定了信息公开的基本要求，从多个方面规定了信息公开的一些基本情况，用来指导企业顺利地完成机动车环保信息公开工作。同时，明确了进行机动车环保信息公开的主体以及责任，规定了机动车环保信息公开所包含的内容，分别给出生产和进口企业完成信息公开的时间节点以及完成信息公开的方式。

### 3.3.1 信息公开主体

开展环保信息公开的主体指具有独立法人资格的机动车生产、进口企业，机动车环保信息公开主体应当对信息公开的真实性、准确性、及时性和完整性负责。

### 3.3.2 信息公开内容

信息公开内容包括企业基本信息、车型信息、车辆信息和量产车技术文件。其中，企业基本信息包括企业名称、企业地址、法定代表人和联系方式等。车型信息包括车型技术参数、发动机技术参数、型式检验信息、污染控制技术信息、环保关键技术信息（纯电动汽车、燃料电池电动汽车适用）、$CO_2$ 排放信息（如有）等。车辆信息包括车辆识别代号、发动机顺序号和下线检验信息等。车辆识别代号应符合 GB 16735 的要求，发动机顺序号可参考 GB/T 21085 的要求。量产车技术文件包括环保生产一致性信息、在用符合性信息、量产车辆评估测试信息等。

### 3.3.3 信息公开时间

机动车生产企业应在产品出厂前完成机动车车型及车辆环保信息公开。机动车进口企业应在货物入境（货物进口证明书的签发日期）前完成车型及车辆环保信息公开。机动车生产、进口企业应在车辆批量生产或进口后进行量产车技术文件环保信息公开。

### 3.3.4 信息公开方式

机动车生产、进口企业应在产品出厂或货物入境前，在本企业官方网站公开机动车环保信息，并同步上传至机动车环保网（网址：www.vecc.org.cn）环保信息公开系统，供政府有关部门、公众和企业查询使用。不具备在本企业官方网站公开机动车环保信息条件的机动车生产、进口企业，应在产品出厂或者货物入境前，在环保信息公开系统上公开机动车环保信息。机动车生产、进口企业应以环保信息随车清单的方式公开车辆主要环保信息。

### 3.3.5 信息公开账户

机动车生产、进口企业应在环保信息公开系统注册账户，每个企业法人原则上只能注册一个账户。账户注册信息应具有完整性、真实性、准确性和时效性。机动车生产、进口企业应做好信息公开账户的安全管理工作。已公开的机动车环保信息应与账户绑定。

### 3.3.6 信息公开编号编码规则

信息公开编号由 29 位数字、空格及字母组成，编码规则见图 3-1。第 1～2 位为“CN”；第 3 位、第 6 位、第 9 位、第 12 位、第 23 位为空格符号；第 4～5 位为车辆 / 发动机类别，车辆、发动机类别对应代码见表 3-1；第 7～8 位为车辆的污染物排放阶段，平行进口代码为 PX，纯电动汽车及燃料电池电动汽车此位置编码为“00”；第 10～11 位为噪声排放阶段；第 13～16 位为企业注册账户时由环保信息公开系统自动生成的代码；第 17～22 位为企业信息公开的车 / 机型序列号；第 24～29 位为车 / 机型的配置序列号。

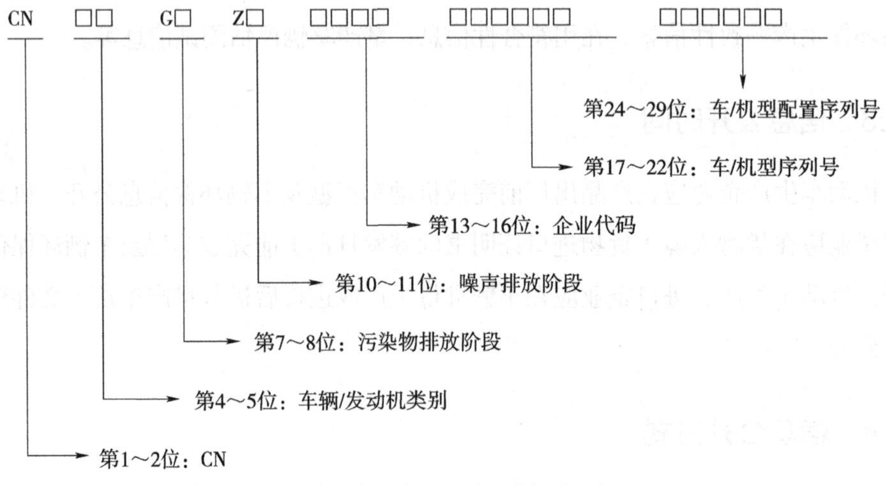


图 3-1 信息公开编号编码规则

表 3-1　机动车、发动机类别对应代码

| 序号 | 车（机）类 | 代码 | 序号 | 车（机）类 | 代码 |
|---|---|---|---|---|---|
| 1 | 轻型汽油车 | QQ | 17 | 重型柴油 / 甲醇双燃料汽车 | ZB |
| 2 | 轻型汽油混合动力车 | QH | 18 | 重型甲醇混合动力汽车 | ZM |
| 3 | 轻型柴油车 | QC | 19 | 重型汽油车 | ZQ |
| 4 | 轻型柴油混合动力车 | QZ | 20 | 三轮汽车 | TC |
| 5 | 轻型燃气车 | QR | 21 | 纯电动汽车 | QD |
| 6 | 轻型两用燃料车 | QL | 22 | 燃料电池电动汽车 | RD |
| 7 | 轻型甲醇单燃料汽车 | QB | 23 | 重型柴油发动机 | CJ |
| 8 | 轻型柴油 / 甲醇双燃料汽车 | QS | 24 | 重型汽油发动机 | QJ |
| 9 | 轻型燃气混合动力车 | QG | 25 | 摩托车 | MT |
| 10 | 轻型甲醇混合动力车 | QX | 26 | 轻便摩托车 | QM |
| 11 | 重型柴油车 | ZC | 27 | 重型燃气发动机 | RJ |
| 12 | 重型柴油混合动力车 | ZH | 28 | 重型双燃料发动机 | SJ |
| 13 | 重型燃气车 | ZR | 29 | 三轮汽车用发动机 | TJ |
| 14 | 重型燃气混合动力车 | ZG | 30 | 重型甲醇单燃料发动机 | JJ |
| 15 | 重型双燃料车 | ZS | 31 | 重型柴油 / 甲醇双燃料发动机 | BJ |
| 16 | 重型甲醇单燃料汽车 | ZJ | | | |

### 3.3.7　变更、更正与撤销

《机动车环保信息公开技术规范》对企业信息公开内容发生变化导致的信息公开变更、更正或撤销进行了规定，并明确了变更、更正及撤销分别需要提交的资料内容和要求。

当环保信息公开内容发生变化时，机动车生产、进口企业应根据实际情况，按照要求及时进行变更。这种情况一般指企业在完成机动车的信息公开之后，由于正常的生产经营行为导致机动车公开的信息相关内容发生了变化。当机动车生产、进口企业的统一社会信用代码不发生变化仅企业部分信息发生变动时，企业可进行企业信息、车型信息的变更。可变更企业信息包括企业名称、法定代表人、联系电话、官网网址以及企业邮箱地址；可变更车型信息包括车型商标、污染控制装置生产企业名称、生产厂地址等。

当环保信息公开内容发生错误时，机动车生产、进口企业应根据实际情况，按照要求及时进行更正，说明错误的具体情况，并描述已公开错误信息产生的影响。

需要注意的是，当出现型式检验样车与车型环保信息公开参数不一致，且样车属于加装污染控制装置或弄虚作假等情况时，企业应重新进行型式检验完成信息公开，不应对已公开车型信息进行更正。企业应及时对失误或其他原因造成的信息公开错误进行更正，避免因信息公开错误而造成对用户和企业的不良影响，以及被追究相关法律责任。

某些车型完成信息公开之后，未发生实际的生产、销售行为，企业出于自身管理需求，可以对已完成信息公开的车型或车辆提出撤销申请；已公开且确实未销售的车型或车辆信息，机动车生产、进口企业可按照要求予以撤销。

### 3.3.8 信息引用

针对重型车企业需要引用发动机企业入库发动机信息，以及改装车企业需要引用整车企业基准车型信息公开参数或型式检验信息方能完成机动车环保信息公开的情况，HJ 1350—2024 要求企业应在取得被引用企业许可或授权后，方可引用其机动车（发动机）环保信息或入库备案信息，并且应确保污染控制装置信息与被引用车型（机型）一致并符合相应排放标准要求。不得超过被引用或授权的范围使用信息。

机动车生产、进口企业可将其入库或公开的机动车环保信息授权给其他企业引用。被引用信息企业应确保供应给其他企业的发动机、非完整车辆、完整车辆等产品与入库或环保信息公开内容一致，并对所供应产品的环保达标负责。授权双方均应保证产品符合相应排放标准要求。被引用企业对所授权的发动机或车型（车辆）授权范围内的环保达标负责。

## 3.4 信息公开流程

HJ 1350—2024 详细介绍了企业进行机动车环保信息公开的流程。机动车企业应严格按照环保信息公开系统账户注册、技术文件及车型参数备案、开展型式检验、型式检验报告备案、车型环保信息公开、下线检验并备案检验信息、配发随车清单并上传数据项、量产车技术文件备案的顺序完成机动车环保信息公开。具体信息公开流程的操作顺序如下。

机动车生产、进口企业应按要求在环保信息公开系统注册账户，然后在环保信息公开系统备案技术文件及车型参数。在完成企业三级审核确保备案参数准确无误后，机动车生产、进口企业应委托依法通过资质认定（计量认证）并与环保信息公开系统联网的检验机构开展型式检验及型式检验扩展工作。企业应确保备案车型参数与送检样车一致，方可继续开展环保信息公开工作。

在按要求通过全部型式检验后，检验机构出具符合技术要求的检验报告并上传至环保信息公开系统，机动车生产、进口企业通过环保信息公开系统选取适用检验报告，获取环保信息公开编号并完成车型环保信息公开。重型车用发动机、三轮汽车用发动机及非完整车辆可完成相应产品的环保信息入库。

新生产机动车下线后，机动车生产、进口企业应按要求进行下线检验并完成下线检验信息公开工作。同时对下线检验合格车辆打印环保信息随车清单并随车配发，按照 HJ 1350—2024 附录要求备案环保信息随车清单数据项。

新生产机动车量产后，机动车生产、进口企业应按照相关排放标准要求开展量产车检验并进行量产车技术文件备案。具体流程见图 3-2。

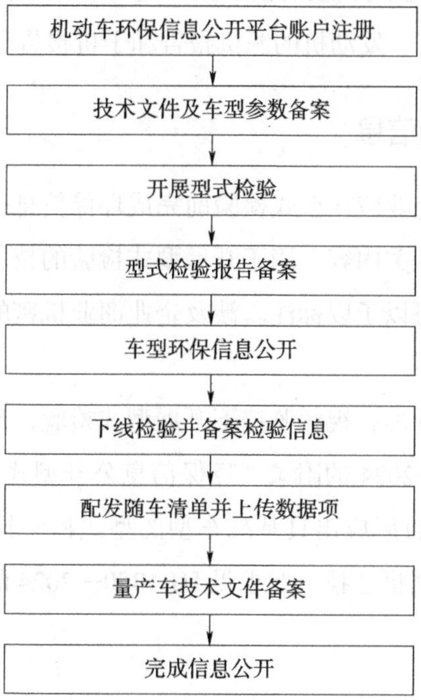


图 3-2　环保信息公开流程

## 3.5　技术信息

按照《大气污染防治法》的要求，机动车生产、进口企业应该按照标准要求开展型式检验，并将排放检验信息公开。HJ 1350—2024 对信息公开型式检验的相关内容进行了规定，包括型式检验有关的车型参数、检验要求、检验项目、扩展要求和检验报告要求等内容。

企业按照排放标准开展型式检验时，需要在环保信息公开系统备案相关的产品技术参数、文件等，其中部分涉及企业产品的技术机密和商业利益。因此，这部分信息需征得企业同意方可公开。

HJ 1350—2024 对型式检验项目作出了详细规定。分别列出各类车进行信息公开型式检验所依据的标准和需要完成的检验项目内容。HJ 1350—2024 对相关排放标准中型式检验的扩展判定作出了系统的规定。由于各个相关排放标准中给出的型式检验扩展判定条件内容详细程度不同，部分参数不够细化，导致企业在进行型式检验时难以判定。HJ 1350—2024 细化了各类车型型式检验适用的扩展判定条件，用于指导企业和检验机构更好地完成型式检验及环保信息公开工作。

HJ 1350—2024 还对型式检验的检验报告内容和格式作了详细的规定，包括车型的基准报告和扩展报告、发动机的源机报告和子机报告。

### 3.5.1 车型型式检验信息

机动车生产、进口企业应在型式检验前完成环保信息公开系统注册账户及技术文件及车型参数备案的相关内容。用于开展型式检验的技术参数和过程数据，涉及企业商业机密的，企业可以予以标注。涉及企业商业机密的参数或数据经企业同意可对公众公开。

检验机构依据相关标准在视频监控下开展型式检验，环保信息公开型式检验项目技术要求见 HJ 1350—2024 的附录“环保信息公开型式检验项目技术要求”。检验机构完成型式检验项目后应出具基准车型的型式检验报告或扩展车型的扩展报告，型式检验报告及扩展报告技术要求见 HJ 1350—2024 的附录“型式检验报告技术要求”。

### 3.5.2 下线检验信息

机动车生产、进口企业应在产品出厂或货物入境前按照相关标准完成所有新车下线检验项目。轻型汽车及重型汽车（纯电动汽车、燃料电池电动汽车除外）应按 GB 18285、GB 3847 中的相关要求开展新车下线检验。摩托车和轻便摩托车应按 GB 14622 和 GB 18176 中的相关要求开展新车下线检验。三轮汽车应按 GB 18322 中的相关要求开展新车下线检验。

### 3.5.3　污染控制技术信息

按照《大气污染防治法》的要求，机动车生产、进口企业应当向社会公布其生产、进口机动车车型的排放检验信息、污染控制技术信息和有关维修技术信息。HJ 1350—2024 明确了污染控制技术信息的范围。

为规范机动车污染控制装置信息，便于车辆注册登记、年检及监督检查中配置查验工作开展以及社会公众了解车辆的污染控制装置，信息公开技术规范对污染控制装置永久标识作出了详细规定并给出了标识的内容和样式要求。

污染控制技术信息指发动机和污染控制装置相关信息。机动车生产、进口企业应在发动机、污染控制装置或环保关键部件明显可见位置标注永久性标识。需标注永久性标识的装置包括发动机、环保信息随车清单中的污染控制技术信息以及环保关键技术信息（纯电动汽车、燃料电池电动汽车适用）栏中涉及型号及生产企业的项目。永久性标识技术要求见 HJ 1350—2024 的附录“永久性标识技术要求”。

## 3.6　随车清单

《关于开展机动车和非道路移动机械环保信息公开工作的公告》（国环规大气〔2016〕3 号）规定，机动车生产、进口企业应在产品出厂或货物入境前，以随车清单的方式公开主要环保信息。因此，HJ 1350—2024 对环保信息随车清单的内容、模板、打印、电子信息上传、材质、配发等方面都作出了详细的规定——随车清单的技术要求及各类车随车清单模板样式，用于指导企业制作随车清单。

机动车环保信息随车清单分为正反两面。正面为随车清单的基本信息，包括车辆的排放阶段、企业名称、信息公开编号及车辆识别代码等内容。背面为车辆的详细信息，包括企业对该车辆满足排放标准及排放阶段的声明、车辆基本信息、环保检验信息、污染控制技术信息及车辆生产或进口企业信息等内容。

（1）企业声明部分是机动车生产或进口企业对车辆环保信息公开的自主声明，包括车辆满足的排放标准和排放阶段等信息，是对车辆排放状况的最基本表述。

（2）车辆和发动机的基本信息部分包含车辆及发动机型号、制造商名称、商标、生产厂地址等内容，是对车辆基本情况的概述。

（3）环保检验信息是车辆的型式检验信息、下线检验信息，包括检验依据标准、检验机构和检验结论。这部分是按照《大气污染防治法》的要求，对车辆的排放检验情况进行了公开。

（4）污染控制技术信息是车辆所装配污染控制装置的基本情况，包括装置的型号、生产企业等内容。这部分是按照《大气污染防治法》的要求，对车辆的污染控制装置进行了公开。可以让公众了解车辆的详细情况、用于新车注册登记、在用车年检和机动车监督检查时查验车辆的污染控制装置。清单中列出了车辆与排放相关的主要污染控制装置，在信息公开污染控制装置查验中不能直接可见的部分污染控制装置未列入清单内容。

（5）生产或进口企业信息，包括车辆生产或进口企业的法人、地址、联系电话和官方网址等内容。

### 3.6.1 基本要求

环保信息随车清单内容包括企业基本信息、车辆信息、检验信息、污染控制技术信息（或环保关键技术信息）和满足排放标准的声明等内容。环保信息随车清单应采用符合 GB/T 788 规定的 A 系列规格纸张的 A4 幅面（210 mm × 297 mm）制作。用于制作环保信息随车清单的纸张规格不小于 120 g/m$^2$。环保信息随车清单样式及技术要求见 HJ 1350—2024 的附录“环保信息随车清单样式及技术要求”。机动车生产、进口企业应在产品出厂或货物入境前通过环保信息公开系统完成环保信息随车清单数据上传，并在产品出厂或货物入境前随车配发环保信息随车清单。

### 3.6.2 随车清单样式

（1）打印要求

双面打印，上边距 15 mm，左、右、下边距 12 mm，环保信息随车清单背面部分应保证打印在一页内。清单样例见 HJ 1350—2024 附录的“环保信息随车清单样式及技术要求”。

（2）边框、底纹、水印

随车清单正面及背面边框的花色不同，颜色均为 R54 G85 B138，清单正面及背面使用相同的底纹，覆盖整个页面，颜色为 R225 G236 B241。随车清单正面无水印，背面有一个直径为 170 mm 的徽标形水印，颜色为 R237 G244 B247，距上下边 63.5 mm、距左右边 20 mm。

（3）正面样式

环保信息随车清单正面包括“中华人民共和国机动车环保信息随车清单”字

样、徽标、企业名称、信息公开编号、车辆识别代号及条形码。

第一行居中印制“中华人民共和国”，行距 40 pt，字体采用方正大标宋，字号采用 30 号字，字体颜色采用 R168 G0 B0。第二行居中印制“机动车环保信息随车清单”，行距 40 pt，字体采用方正大标宋，字号采用 30 号字，字体颜色为 R168 G0 B0。第三行居中印制“（中国第 × 阶段）”，纯电动汽车居中印制“（纯电动汽车）”，燃料电池电动汽车居中印制“（燃料电池电动汽车）”，行距 50 pt，字体采用方正大标宋，字号采用为 25 号字，字体颜色为 R168 G0 B0。

徽标应位于纸张正中间，尺寸为 31.5 mm × 31.5 mm。徽标底纹，底纹尺寸为 75 mm × 75 mm。

企业名称字体采用方正大标宋，字号采用 25 号字，字体颜色为 R0 G0 B0。

信息公开编号与企业名称内容的距离为 10 mm。第一行居中印制“信息公开编号：”字样，字号为 15 号，行高 20 pt，中文使用黑体，英文使用 Arial，字体颜色为 R0 G0 B0。第二行居中印制信息公开编号，如 CN QH G6 Z2 0622000001 000001，字体采用 Arial，字号采用 15 号字，行高 20 pt，字体颜色为 R0 G0 B0。

车辆标识代号及条形码与信息公开编号内容的距离为 10 mm。第一行居中印制条形码，条形码应根据 Code128 编码规则由车辆识别代号生成，尺寸大小约为 56.5 mm × 7.5 mm，颜色采用 R0 B0 G0。第二行居中印制车辆识别代号（VIN），字体采用 Arial，字号采用 10 号字，字体颜色为 R0 B0 G0。此行底部距边框底部应为 36.5 mm。

（4）背面样式

环保信息随车清单背面包括企业声明、二维码、车辆信息、发动机信息、检验信息、污染控制技术信息（或环保关键技术信息）及生产企业 / 进口企业信息等。

声明第一行字体距离边框顶部应为 15 mm。字体采用宋体，字号采用 9 号字，字体颜色采用 R0 G0 B0，行距 11 pt。

企业声明右侧位置应打印二维码图案。二维码图案采用 QRCode 编码，尺寸大小约为 23 mm × 23 mm，包含内容为“http://xxgk.vecc.org.cn/vin/ 车辆识别代号”。

车辆信息与企业声明部分最后一行行距为 8.7 mm，中间用分割线隔开。标题加粗，字体为 9 号宋体，字体颜色为 R0 G0 B0，行距 11 pt。

发动机信息标题加粗，与车辆信息最后一行之间行距应为段前增加 5 pt 行距。字体为 9 号宋体，字体颜色为 R0 G0 B0，行距 11 pt。

检验信息标题加粗，与车辆信息或发动机信息之间行距应为段前增加 5 pt 行距。字体为 9 号宋体，字体颜色为 R0 G0 B0，行距 11 pt。

污染控制技术信息或环保关键技术信息标题加粗，与检验信息之间行距应为段前增加 5 pt 行距。字体为 9 号宋体，字体颜色为 R0 G0 B0，行距 11 pt。

生产企业 / 进口企业信息标题字体加粗，与污染控制技术信息之间行距应为段前增加 5 pt 行距。字体为 9 号宋体，字体颜色为 R0 G0 B0，行距 11 pt。

车辆生产日期应按照 YYYY 年 MM 月 DD 日格式填写。例如，2023 年 6 月 22 日。字体为 9 号宋体，字体颜色为 R0 G0 B0，行距 11 pt。

### 3.6.3 随车清单填写技术要求

（1）基本信息

环保信息随车清单正面企业名称应填写机动车生产、进口企业全称。填写具体每辆车的车辆识别代号（VIN），字母应大写。例如，VIN：ABCDE12F3L45678622。

企业声明内容填写生产或进口企业名称全称。生产企业应填写生产企业名称且与环保信息随车清单正面信息公开主体及清单右下角盖章名称相同；进口企业应填写进口商名称且与环保信息随车清单正面信息公开主体及清单右下角盖章名称相同。

企业承诺满足检验信息部分的排放标准名称及排放阶段，企业承诺满足噪声标准符合情况，企业承诺符合相关标准规定的耐久性要求。轻型车还应明确耐久性满足 160 000 km 或 200 000 km 要求，还应填写 PN 满足 $6.0 \times 10^{12}$ 个 /km 限值或 PN 满足 $6.0 \times 10^{11}$ 个 /km 限值；实际行驶污染物排放试验（RDE）仅监测报告或 RDE 满足限值要求。满足此两种不同限值要求的车辆应采用不同的车辆型号。

（2）车辆信息

应填写车辆的型号。不同排放阶段的机动车应采用不同的车辆型号，不同车辆类别应采用不同的车辆型号。

填写车辆商标，可为中文商标或英文商标。

汽车分类应填写 $M_1$、$M_2$、$M_3$、$N_1$、$N_2$ 或 $N_3$ 等。

排放阶段应填写相应排放阶段中文字样，例如，国六。

车型的识别方法和位置应填写车辆铭牌安装位置。

生产、进口企业应填写车辆生产企业名称全称，境外改装车进口企业应填写境外改装企业名称全称。还应填写车辆生产线所在地址，例如，××省（区、市）××市（区）××街道（路）××号。

对于仅发动机驱动的车辆以及除纯电动续驶里程大于或等于 43 km 的插电式混合动力（含增程式）电动汽车外的混合动力电动汽车，仅填写发动机顺序号。对于纯电动汽车及燃料电池电动汽车仅填写驱动电机顺序号。对于纯电动续驶里程大于或等于 43 km 的插电式混合动力（含增程式）电动汽车分别填写发动机顺序号和驱动电机顺序号。若车辆安装有多个驱动电机，应按照先前后再左右的顺序填写驱动电机的顺序号，纸质清单可只填写第一个驱动电机的顺序号。其他驱动电机的顺序号应在电子清单中显示。车辆采用轮边电机或轮毂电机作为驱动电机时，不需要填写驱动电机顺序号。

除上述内容外，还应填写车辆的基准质量，单位 kg；整车（二类底盘）改装车辆应填写原整车（二类底盘）的型号及生产（进口）企业名称；车用空调制冷剂种类；车用空调制冷剂加注量，应为整数，单位 g；重型车应填写车辆车载诊断（OBD）系统诊断接口位置描述、车辆排气管口的安装位置描述、车辆排气管口的朝向描述。

（3）发动机信息

重型车、三轮汽车应填写发动机信息，包括发动机型号、制造商名称、生产厂地址、厂牌、发动机顺序号等。

应填写发动机型号。发动机型号应由阿拉伯数字，或者汉语拼音字母，或者国际通用的英文缩写字母组成。不同排放阶段的入库或单独信息公开的发动机应采用不同的发动机型号，不同发动机类别应采用不同的发动机型号。

制造商名称填写的是发动机生产企业名称全称。填写发动机生产线所在地址，例如，×× 省（区、市）×× 市（区）×× 街道（路）×× 号。厂牌应填写发动机商标，可为中文商标或英文商标。最后填写驱动车辆的发动机顺序号，要求和发动机顺序号、驱动电机顺序号部分内容一致。

（4）检验信息

随车清单中此部分应填写依据的标准编号、检验机构名称、检验结论。检验结论应填写符合或不符合。

下线检验信息部分应填写下线依据的标准编号（不含标准年代号）、检验结论。检验结论应填写符合或不符合。纯电动汽车及燃料电池电动汽车无此项目。

（5）污染控制技术信息

此部分应填写污染控制装置型号及生产企业名称。型号和生产企业以“/”隔开。轻型车、摩托车应填写发动机型号及生产企业名称。纯电动汽车、燃料电池汽车及混合动力汽车应填写驱动电机型号及生产企业名称。若污染控制技术信息部分内容较多，导致该页面不能完全显示，省略部分可用“※”代替，污染控制技术部分的项目不可减少。若使用“※”省略部分污染控制技术信息，应在环保信息随车清单左下角备注“更多污染控制技术信息见网上公开内容”字样。格式要求应满足字体为 9 号宋体，字体颜色为 R0 G0 B0，行距 11 pt。

（6）生产 / 进口企业信息和其他

法定代表人应填写生产、进口企业的法定代表人信息。地址应填写生产、进口企业营业执照登记注册地址。电话应填写生产、进口企业联系电话。

信息公开网址应填写机动车环保网网址（www.vecc.org.cn）及企业官方网站网址。暂无企业官方网址的应填写“暂无”。

若环保信息随车清单污染控制技术信息部分存在用“※”代替的情况应用星号备注。若无省略内容此处空白。

最后在清单底部应加盖生产、进口企业公章或信息公开专用章。

填写“车辆生产日期”。国产车的生产日期与合格证内容一致，进口车的生产日期与 CCC 一致性证书内容一致。

环保信息随车清单中项目内容应是车辆的实际状态或者数值，不应采用可选择项目或区间值等方式填写，不应涂改。填写项目为空时，应填写“不适用”。

关于随车清单的样式及内容可参考本书附录 B 的有关内容。

# 第 4 章　型式检验要求

## 4.1　一般要求

影响排气污染物、实际行驶排气污染物、曲轴箱污染物、蒸发污染物和加油过程污染物、污染控制装置耐久性和 OBD 系统的零部件，在设计、制造和组装上应使汽车在正常使用条件下能满足 GB 18352.6—2016 的要求。

GB 18352.6—2016 适用于以点燃式发动机或压燃式发动机为动力、最大设计车速大于或等于 50 km/h 的轻型汽车（包括混合动力电动汽车）。在生产企业的要求下，最大设计总质量超过 3 500 kg 但不超过 4 500 kg 的 $M_1$、$M_2$ 和 $N_2$ 类汽车可按 GB 18352.6—2016 进行型式检验。超 3.5 T 车型的型式检验、生产一致性检查和在用符合性检查按照轻型车的标准进行，随车清单发放重型车随车清单。

汽车生产企业生产、进口汽车应按 GB 18352.6—2016 进行型式检验。一种车型的型式检验内容包括常温与低温排气污染物、实际行驶排气污染物、曲轴箱污染物、蒸发污染物、加油过程污染物、污染控制装置耐久性（如果生产企业使用 GB 18352.6—2016 推荐的劣化系数或修正值，可不进行此项试验）和 OBD 系统等方面。

汽车生产、进口企业应选择一辆或多辆能代表型式检验车型的汽车进行试验。车辆应已完成环保备案且在检测机构端可正常下载，并且应确保车辆参数与环保备案参数一致，之后方可开始试验。检测机构应进行样车参数核对，查验样车的过程以及排放试验要在环保联网监控下进行。

应选择一辆或多辆能代表 OBD 系族的汽车进行 OBD 相关试验，如果生产企业不确定所选择的汽车数量能完全代表该车型或汽车系族，则应增加汽车数量进行试验。

生产企业应采取技术措施，确保汽车在正常使用条件下和正常寿命期内，能有效控制其排气污染物、实际行驶排气污染物、曲轴箱污染物、蒸发污染物、加油过程污染物在标准规定的限值内。这也包括排放控制系统所使用的软管及其接头，以及各个接线的可靠性，它们在制造上应符合其最初设计要求。

所有汽车均应装备 OBD 系统，该系统应在设计、制造和汽车安装上，能确保汽车在全寿命期内识别并记录劣化或故障的类型。

禁止使用失效措施。

在汽车全寿命期内，不得对排放控制技术措施和汽车装备的 OBD 系统进行改造，除非出于解决汽车排放缺陷的需要，并且生产企业对改造情况进行了书面说明。

为防止因油箱盖丢失造成蒸发污染物超标或燃油溢出，应采取下列措施之一：

（1）不可轻易拆卸自动开启和关闭的油箱盖。

（2）从结构设计上防止油箱盖丢失所造成的蒸发污染物超标。

（3）其他具有同样效果的任何措施。例如，拴住油箱盖，或油箱盖锁和汽车点火使用同一把钥匙，且油箱盖只有锁上时才能拔掉钥匙。

关于电控系统的安全性：生产企业应保证电控单元中与排放相关的要求或参数不被改动。如果为了诊断、维护、检查、更新或修理汽车需要改动的，应经生产企业授权，并详细记入在用符合性材料中。生产企业应提供一定级别的保护措施，防止任何可重编程序的电控单元代码或运行参数被非法改动。保护级别至少相当于 ISO 15031-7 的规定。任何可插拔的用于存储标定数据的芯片均应装入密封容器保存，或由电子算法进行保护。除非使用生产企业授权的专用工具和专用规程，否则存储的数据以及用电控单元代码表示的发动机运转参数不能被改动。

对于可能不需保护的汽车，生产企业可依据但不限于下列标准进行改动：性能芯片目前是否能够供应、汽车高性能能力和汽车计划销售量。生产企业应对改动的情形作出书面说明。

采用电控单元可编程序代码系统（如电可擦除可编程序只读存储器）的生产企业，应防止非授权改编程序。生产企业应采取强有力的防篡改措施，以及防编写功能。防止对已出厂或已销售的车辆进行非授权篡改或改写。生产企业采用的防篡改措施应作出书面说明。

在进行所有型式检验项目期间，除 OBD 演示试验中燃油系统、可变气门正时系统（VVT）、冷启动减排策略等主管机构允许的软件修改项目及Ⅴ型耐久试验外，试验车辆的 CAL ID 和 CVN 数据应保持一致。出于企业开发升级需要，Ⅴ型耐久试验车辆 CAL ID 和 CVN 可以和其他检验项目车辆不一样，但耐久试验期间试验车辆（包含排放耐久车辆、蒸发耐久车辆、加油排放耐久车辆）的 CAL ID 和 CVN

数据应保持一致。每次试验前检测机构都应采用 OBD 通用诊断工具读取模式 09 输出文件，存储记录并进行核对。

## 4.2　型式检验材料

企业应首先完成信息公开车辆相关技术参数的附录备案。检测机构下载附录信息后方可开始进行型式检验。

车型型号划分上，燃料种类不同、排放标准阶段不一致、混合动力与非混合动力车辆、国六 a 车型与国六 b 车型、PN 是否满足 $6 \times 10^{11}$ 个 /km 限值要求、RDE 是否符合限值 2.1 倍，均应区分车辆型号。耐久性测试 16 万 km 与 20 万 km 不区分车辆型号。

除备案车辆技术参数和包括排放、蒸发、OBD 的系族划分之外，机动车生产、进口企业还应备案全套的 OBD 相关资料，包括：

①系族划分表（OBD 系族）。

② OBD 系统监测的排放系统信息［对于一个 OBD 系族，就在代表车型的基础上，提交一份汇总表（Summary Table）。后续车型若有差异，编辑可提交含全部故障诊断代码（DTC）信息的 Summary Table，也可提交仅含新增加 DTC 信息的 Summary Table］。

③输入、输出信号表。

④标准化数据模式 09 内容。

⑤ OBD 演示试验申请（汽油车）。

⑥ OBD 诊断要求检查表。

⑦制造厂关于 IUPR 符合标准要求的申明（盖章扫描）。

⑧失火诊断工况分布图及各工况下的失火诊断表格［对于一个 OBD 系族，应提交代表性车型的失火诊断表格，后续车型若有更差的失火诊断状态（Worst Case），则应增加最差状态车型的失火诊断表格，并编辑提交］。

⑨演示试验替代循环说明。

⑩ OBD 豁免申请。

⑪ OBD 缺陷说明文件资料。

⑫ PCV 描述文件。

⑬ OBD 试验用替代老化件、企业所采用的老化方法描述。

⑭ OBD 申报技术文档。

⑮ AECD、AES 或 BES 的说明材料。

## 4.3 型式检验试验项目

型式检验报告包含Ⅰ型（包括污染物排放系数 $K_i$）、Ⅱ型、Ⅲ型、Ⅳ型、Ⅴ型（若进行实车耐久试验需提交Ⅰ型耐久报告、Ⅳ型、Ⅶ型耐久报告和催化器成分报告，采用 SBC 方法老化的需要提交 SBC 试验报告）、Ⅵ型、Ⅶ型、OBD 演示试验报告和噪声试验、油耗试验报告。此外，还应上传道路载荷测定报告（道路载荷测定报告应提交带有原始数据和推算过程的报告）。各型式检验报告模板可以从环保信息公开系统下载。

不同类型汽车在型式检验时要求进行的试验项目见表 4-1。

表 4-1　型式检验试验项目

| 型式检验试验类型 | 装用点燃式发动机的轻型汽车（包括 HEV） | | | 装用压燃式发动机的轻型汽车（包括 HEV） |
|---|---|---|---|---|
| | 汽油车 | 两用燃料车 | 单一气体燃料车 | |
| Ⅰ型－气态污染物 | 进行 | 进行 | 进行 | 进行 |
| Ⅰ型－颗粒物质量 | 进行 | 进行（只试验汽油） | 不进行 | 进行 |
| Ⅰ型－粒子数量 | 进行 | 进行（只试验汽油） | 不进行 | 进行 |
| Ⅱ型 | 进行 | 进行（只试验汽油） | 进行 | 进行 |
| Ⅲ型 | 进行 | 进行（只试验汽油） | 进行 | 进行 |
| Ⅳ型① | 进行 | 进行（只试验汽油） | 不进行 | 不进行 |
| Ⅴ型② | 进行 | 进行（只试验气体燃料） | 进行 | 进行 |
| Ⅵ型 | 进行 | 进行（只试验汽油） | 进行 | 进行 |
| Ⅶ型 | 进行 | 进行（只试验汽油） | 不进行 | 不进行 |
| OBD 系统 | 进行 | 进行 | 进行 | 进行 |

注：① Ⅳ型试验前，还应按 GB 18352.6—2016 中 5.3.4.2 的要求对炭罐进行检测。

② 对于使用 GB 18352.6—2016 中 5.3.5.1.1.3 和 5.3.5.1.2.2 中规定的劣化系数（修正值）通过型式检验的车型，不进行此项试验。

Ⅰ型试验：常温下冷启动后排气污染物排放试验；

Ⅱ型试验：实际行驶污染物排放试验；

Ⅲ型试验：曲轴箱污染物排放试验；

Ⅳ型试验：蒸发污染物排放试验；

Ⅴ型试验：污染控制装置耐久性试验；

Ⅵ型试验：低温下冷启动后排气中 CO、THC 和 $NO_x$ 排放试验；

Ⅶ型试验：加油过程污染物排放试验。

# 4.4　型式检验试验描述及要求

## 4.4.1　Ⅰ型试验

所有汽车均应进行此项试验。汽车放置在带有载荷和惯量模拟的底盘测功机上，按规定的测试循环、排气取样和分析方法、颗粒物取样和测试方法进行试验。记录所要求的污染物排放结果和各速度段的 $CO_2$ 排放结果。试验次数和结果判定应根据规定确定。每一项试验结果应采用确定的Ⅰ型试验劣化系数（修正值）进行校正，对装有周期性再生系统的汽车，还应乘以污染物排放系数（$K_i$）。每次试验测得的污染物排放结果，应小于法规规定的限值（表 4-2、表 4-3）。

表 4-2　Ⅰ型试验排放限值（国六 a 阶段）

| 车辆类别 | | 测试质量（TM）/kg | 限值 | | | | | | |
|---|---|---|---|---|---|---|---|---|---|
| | | | CO/（mg/km） | THC/（mg/km） | NMHC/（mg/km） | $NO_x$/（mg/km） | $N_2O$/（mg/km） | PM/（mg/km） | PN/（个 /km） |
| 第一类车 | | 全部 | 700 | 100 | 68 | 60 | 20 | 4.5 | $6.0 \times 10^{11}$ |
| 第二类车 | Ⅰ型 | TM≤1 305 | 700 | 100 | 68 | 60 | 20 | 4.5 | $6.0 \times 10^{11}$ |
| | Ⅱ型 | 1 305＜TM≤1 760 | 880 | 130 | 90 | 75 | 25 | 4.5 | $6.0 \times 10^{11}$ |
| | Ⅲ型 | 1 760＜TM | 1 000 | 160 | 108 | 82 | 30 | 4.5 | $6.0 \times 10^{11}$ |

注：2020 年 7 月 1 日前，汽油车过渡限值为 $6.0 \times 10^{12}$ 个 /km。

表 4-3　Ⅰ型试验排放限值（国六 b 阶段）

| 车辆类别 | | 测试质量（TM）/kg | 限值 | | | | | | |
|---|---|---|---|---|---|---|---|---|---|
| | | | CO/（mg/km） | THC/（mg/km） | NMHC/（mg/km） | $NO_x$/（mg/km） | $N_2O$/（mg/km） | PM/（mg/km） | PN/（个 /km） |
| 第一类车 | | 全部 | 500 | 50 | 35 | 35 | 20 | 3.0 | $6.0 \times 10^{11}$ |
| 第二类车 | Ⅰ型 | TM≤1 305 | 500 | 50 | 35 | 35 | 20 | 3.0 | $6.0 \times 10^{11}$ |
| | Ⅱ型 | 1 305＜TM≤1 760 | 630 | 65 | 45 | 45 | 25 | 3.0 | $6.0 \times 10^{11}$ |
| | Ⅲ型 | 1 760＜TM | 740 | 80 | 55 | 50 | 30 | 3.0 | $6.0 \times 10^{11}$ |

注：2020 年 7 月 1 日前，汽油车过渡限值为 $6.0 \times 10^{12}$ 个 /km。

企业开展Ⅰ型试验时，应向检测机构提供试验样车 1 辆。试验样车可根据生产企业需求进行磨合，并保证机械状况良好。

生产企业应向检测机构提供相应车型完成备案的环保信息公开系统生成的附录号、样品参数登记表、道路滑行阻力（需要提供试验报告、计算报告和其他相关资料）。

手动挡车辆需要提供换挡参数，并由检测机构计算换挡曲线。

明确该车型申报的 $CO_2$ 声明值（修约至小数点后两位）和所采用的劣化系数算法（加法或乘法）。

生产企业应向检测机构提供是否配备周期性再生系统等信息，若车辆配备周期性再生系统，则需要在检测机构进行污染物排放系数（$K_i$）的测试检验（PN 无 $K_i$），如生产企业提供试验数据证明即使在试验中发生再生，其排放仍然低于排放限值，则可不进行 $K_i$ 测试试验，$CO_2$ 的 $K_i$ 使用标准推荐值，其他污染物排放 $K_i$ 为 1（PN 无 $K_i$）。

Ⅰ型排放测试流程见图 4-1。

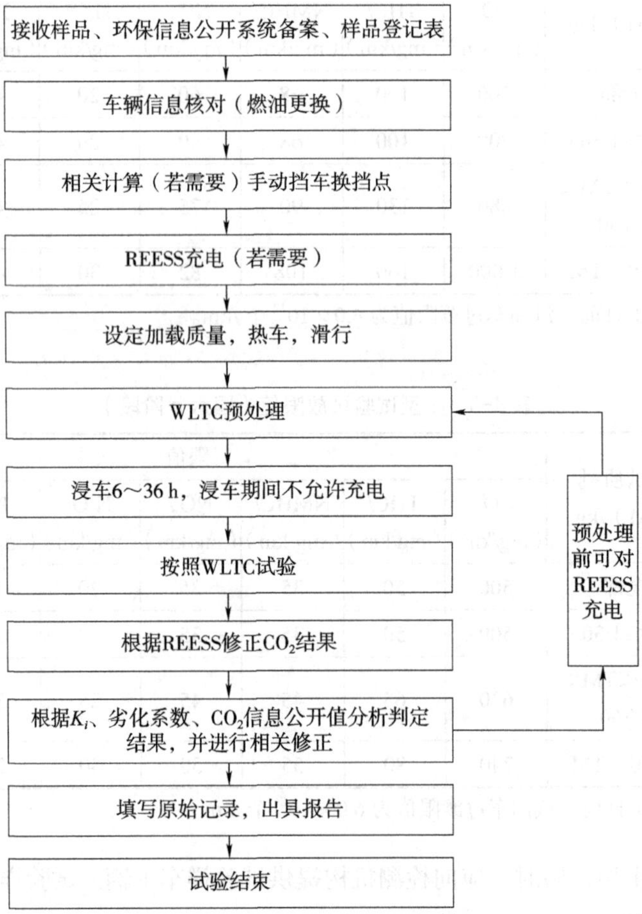


图 4-1　Ⅰ型排放测试流程

### 4.4.2 Ⅱ型试验

所有汽车均应进行此项试验。根据要求进行的 RDE 结果，市区行程和总行程污染物排放均应小于Ⅰ型试验排放限值与表 4-4 中规定的符合性因子（Conformity Factor，CF）的乘积，计算过程中不得进行修约。

表 4-4　符合性因子①

| 发动机类别 | $NO_x$ | PN | CO③ |
|---|---|---|---|
| 点燃式 | 2.1② | 2.1② | |
| 压燃式 | 2.1② | 2.1② | |

注：① 2023 年 7 月 1 日前仅监测并报告结果。
② 暂定值，2022 年 7 月 1 日前确认。
③ 在 RDE 测试中，应测量并记录 CO 试验结果，2022 年 7 月 1 日前确认。

生产企业应向检测机构提供试验样车 1 辆，相应车型完成备案并提供环保信息公开系统生成的附录号、样品登记表。同时明确该车型申报是否配备周期性再生系统。在进行 RDE 前应完成Ⅰ型试验，并提供Ⅰ型试验 $CO_2$ 排放结果。如果Ⅰ型试验是多次试验通过的，则 $CO_2$ 排放结果应采用多次试验的平均值。

试验样车可根据生产企业需求进行磨合，并保证机械状况良好。

Ⅱ型排放测试流程见图 4-2。

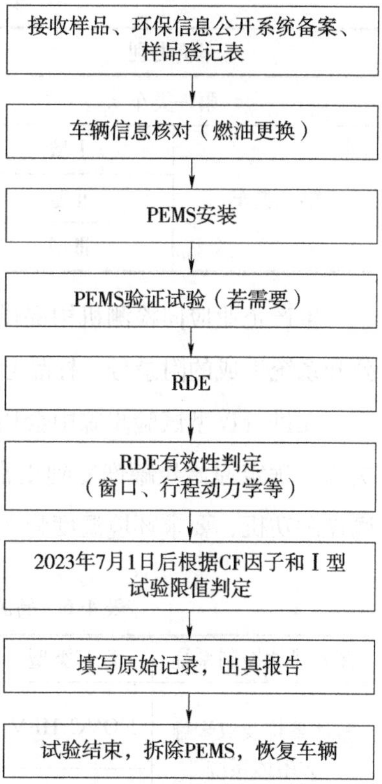

图 4-2　Ⅱ型排放测试流程

### 4.4.3 Ⅲ型试验

所有汽车均应进行此项试验。两用燃料车仅对燃用汽油进行试验；混合动力电动汽车使用纯发动机模式进行试验。

试验应按 GB 18352.6—2016 中附录 E 规定的运转工况进行试验；如果不能按 GB 18352.6—2016 中附录 E 规定的工况 2 或工况 3 进行试验，应选择另一稳定车速（发动机驱动）进行Ⅲ型试验。

按 GB 18352.6—2016 中附录 E 进行试验时，

不允许发动机曲轴箱通风系统有任何污染物排入大气，对于没有采用曲轴箱强制通风系统的汽车，Ⅰ型排放试验过程中，应将曲轴箱污染物引入 CVS（Concourrent Versions System），计入排气污染物总量。

如果在 GB 18352.6—2016 附录 E.3.2 规定的各运转工况下，测得曲轴箱内压力均不超过测量时的大气压力，则认为汽车曲轴箱污染物排放满足要求。

## 4.4.4 Ⅳ型试验

除单一气体燃料车外，所有装用点燃式发动机的汽车均应进行此项试验。两用燃料车仅对汽油燃料进行此项试验。该试验同样适用于使用汽油机的混合动力电动汽车。试验前，生产企业还应单独提供两套相同的炭罐，选择一套进行Ⅳ型试验，另一套按 GB 18352.6—2016 中附录 F 的试验方法检测其有效容积和初始工作能力，测量结果应为生产企业信息公开值的 0.9～1.1 倍。按 GB 18352.6—2016 中附录 F 进行试验，蒸发排放试验结果应采用Ⅳ型试验劣化修正值进行加和校正。校正后的蒸发污染物排放量应小于表 4-5 的限值要求。

表 4-5　Ⅳ型试验排放限值

| 车辆类别 | | 测试质量（TM）/kg | 排放限值 /（g/test） |
|---|---|---|---|
| 第一类车 | | 全部 | 0.70 |
| 第二类车 | Ⅰ型 | TM≤1 305 | 0.70 |
| | Ⅱ型 | 1 305<TM≤1 760 | 0.90 |
| | Ⅲ型 | 1 760<TM | 1.20 |

生产企业应向检测机构提供试验样车 1 辆，以及相应车型完成备案的环保信息公开系统生成的附录号、样品参数登记表。同时明确该车型申报劣化系数。

在进行Ⅳ型试验步骤中会用到高温底盘测功机，车辆应移除连接的管道或辅助炭罐，确定原始炭罐恢复到正常工作状态。在 10 分钟内将车辆从高温浸车区移至底盘测功机，要求环境温度为 38℃ ±2℃。电池操作模式如表 4-6 所示。

表 4-6　高温底盘测功机行驶期间电池操作模式

| 蒸发排放控制系统 | 汽车类型 | 进入高温行驶时的电池电荷状态 |
|---|---|---|
| 整体系统及双炭罐非整体系统 | NOVC-HEV | 经过测试循环全周期低速 + 中速 + 高速 + 高速，电池达到电量保持情况 |
| | OVC-HEV | 车外充电到电池电荷最高水平状态 |

续表

| 蒸发排放控制系统 | 汽车类型 | 进入高温行驶时的电池电荷状态 |
|---|---|---|
| NIRCO | NOVC-HEV | 经过测试循环全周期低速 + 中速 + 高速 + 高速，电池达到电量保持情况 |
| | OVC-HEV | 经过测试循环全周期低速 + 中速 + 高速 + 高速，电池达到电量保持情况 |

注：表中给出了型式检验试验时的电池电荷要求，生态环境主管部门可以在该车的任何电池电荷充电状态（最高、最低和任何在其中间的任何点）执行型式检验确认以及在用符合性测试。

Ⅳ型排放测试对使用不同蒸发控制系统形式的车辆具有不同的测试流程。

装备整体炭罐、非整体炭罐系统（NIRCO 除外）汽车的蒸发污染物排放测定规程流程如图 4-3 所示。

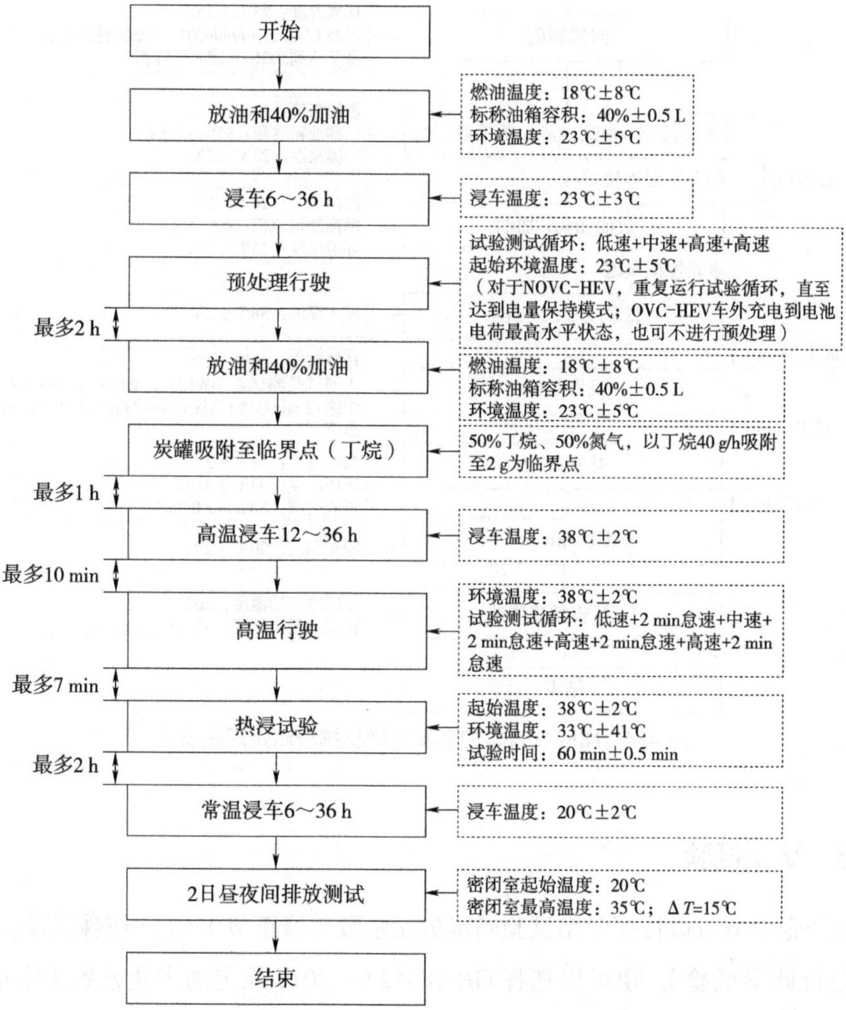


图 4-3　装备整体炭罐、非整体炭罐系统（NIRCO 除外）汽车的蒸发污染物排放测定规程流程

装备非整体仅控制加油排放炭罐系统（NIRCO）汽车的蒸发污染物排放测定规程流程如图 4-4 所示。

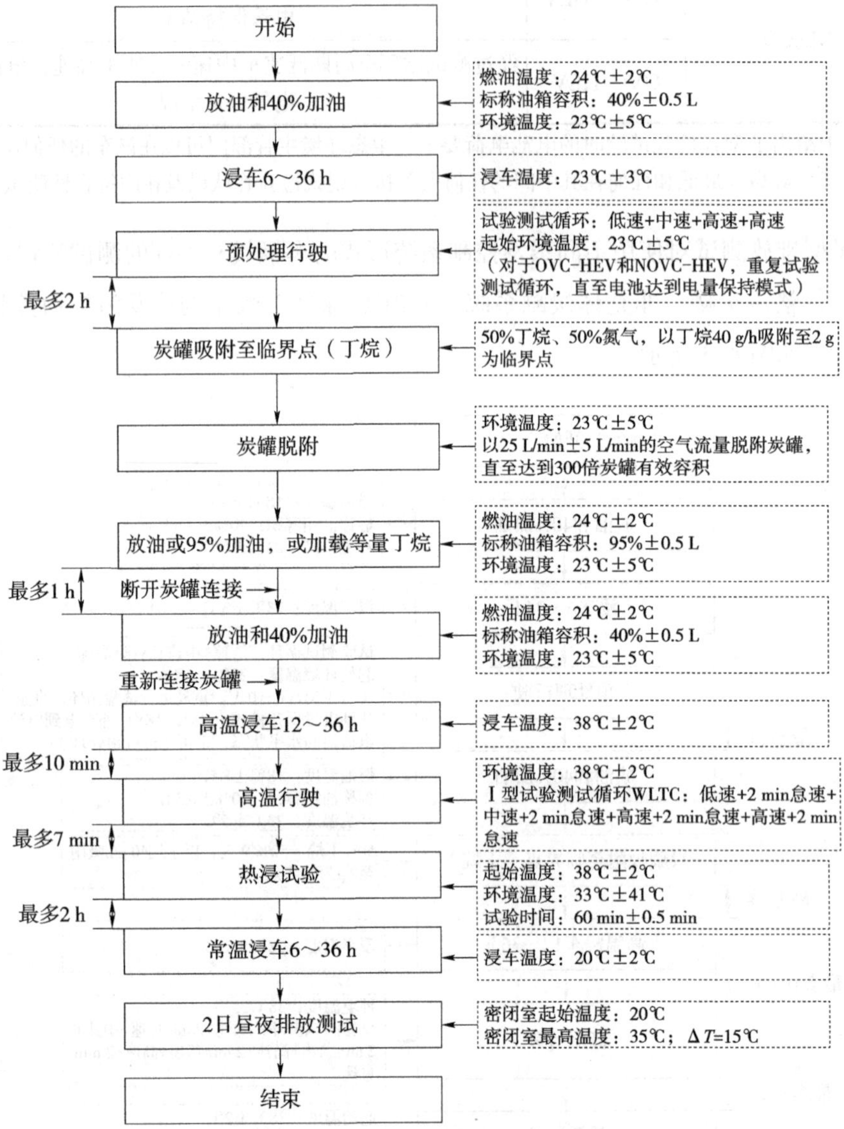


图 4-4　NIRCO 汽车的蒸发污染物排放测定规程流程

## 4.4.5　Ⅴ型试验

生产企业既可以按照Ⅴ型试验确定劣化系数（修正值）（两用燃料车仅对气体燃料进行此项试验），也可以选择 GB 18352.6—2016 规定的劣化系数（修正值）。如果生产企业使用标准规定的劣化系数（修正值），可不进行此项试验，同时可以不进行催化器贵金属含量和催化器体积检测。

（1）Ⅰ型试验劣化系数（修正值）

生产企业可以按 GB 18352.6—2016 所述程序在底盘测功机或试验场上进行耐久性试验，其中国六 a 阶段耐久里程 160 000 km，国六 b 阶段耐久里程 200 000 km；生产企业也可以按发动机台架老化试验方法进行耐久试验；生产企业还可以使用替代的老化试验方法进行耐久性试验，但应提供详细的书面说明，证明与前述实际耐久性试验的等效性。

耐久性试验前，生产企业应选择两套相同的催化转化器，一套进行耐久性试验；另一套按《车用陶瓷催化转化器中铂、钯、铑的测定　电感耦合等离子体发射光谱法和电感耦合等离子体质谱法》（HJ 509—2009）的规定检测其载体体积及各种贵金属含量，测量结果与信息公开值的差异应不超过 ±10%。

表 4-7　Ⅰ型试验劣化系数

| 发动机类别 | 劣化系数 | | | | | | |
|---|---|---|---|---|---|---|---|
| | CO | THC | NMHC | $NO_x$ | $N_2O$ | PM | PN |
| 点燃式 | 1.8 | 1.5 | 1.5 | 1.8 | 1.0 | 1.0 | 1.0 |
| 压燃式 | 1.5 | 1.0 | 1.0 | 1.5 | 1.0 | 1.0 | 1.0 |

表 4-8　Ⅰ型试验劣化修正值

| 发动机类别 | | 劣化修正值 /（mg/km） | | | | | | |
|---|---|---|---|---|---|---|---|---|
| | | CO | THC | NMHC | $NO_x$ | $N_2O$ | PM | PN |
| 点燃式 | 国六 a | 150 | 30 | 20 | 25 | 0 | 0 | 0 |
| | 国六 b | 110 | 16 | 10 | 15 | 0 | 0 | 0 |
| 压燃式 | 国六 a | 150 | 0 | 0 | 25 | 0 | 0 | 0 |
| | 国六 b | 110 | 0 | 0 | 15 | 0 | 0 | 0 |

（2）Ⅳ型和Ⅶ型试验劣化修正值

生产企业可选择Ⅳ型和Ⅶ型试验劣化修正值。按 GB 18352.6—2016 所述的程序在试验场进行耐久性试验，确定Ⅳ型和Ⅶ型试验劣化修正值。生产企业可以使用表 4-9 中规定的Ⅳ型和Ⅶ型试验劣化修正值。

表 4-9　Ⅳ型和Ⅶ型试验劣化修正值

| 类别 | 劣化修正值 |
|---|---|
| Ⅳ型试验 | 0.06 g/ 试验 |
| Ⅶ型试验 | 0.01 g/L |

劣化系数（修正值）的使用和变更。使用 GB 18352.6—2016 规定的劣化系数（修正值）通过型式检验的车型，如生产企业提出书面申请，可以用实测得到的劣化系数（修正值）替代标准规定的劣化系数（修正值），应在信息公开 1 年之内完成申请表的变更，并变更型式检验报告。

可外接充电的混合动力电动汽车（OVC-HEV）在里程累积试验期间，允许储能装置在 24 小时内进行两次充电。有手动选择行驶模式功能的可外接充电的混合动力电动汽车，里程累积试验应该在打开点火开关后自动设定的模式（主模式）下进行。为了连续里程累积的需要，在里程累积试验期间，允许转换到另一种混合模式。排放污染物的测量应该在与 I 型试验电量保持模式规定的相同条件下进行。

不可外接充电的混合动力电动汽车（NOVC-HEV）有手动选择行驶模式功能的不可外接充电的混合动力电动汽车，里程累积试验应该在打开点火开关后自动设定的模式（主模式）下进行。排放污染物的测量应该在与 I 型试验中规定的相同条件下进行。

### 4.4.6 Ⅵ型试验

所有汽车均应进行此项试验。两用燃料车仅对汽油进行此项试验。汽车放置在带有载荷和惯量模拟的底盘测功机上。按 GB 18352.6—2016 附录 C 规定的测试循环（低速段和中速段）、排气取样和分析方法进行试验。试验由 I 型试验的低速段和中速段两部分组成。试验期间不得中止，并在发动机启动时开始取样。

试验应在 −7℃ ±3℃的环境温度下进行。试验前，试验汽车应按规定进行预处理，以保证试验结果的可重复性，预处理和其他试验规程按 GB 18352.6—2016 附录 H 进行。

试验期间排气被稀释，并按比例收集样气。试验汽车的排气按照 GB 18352.6—2016 附录 H 的规程进行稀释、取样和分析，并测量稀释排气的总容积。分析稀释排气的 CO、THC 和 $NO_x$，计算得到各种污染物的排放量。

记录表 4-10 所要求的污染物排放结果。装有周期性再生系统的汽车应在非再生条件下进行测试。每次试验测得的排气污染物排放量均应小于表 4-10 的限值。

表 4-10　Ⅵ型试验的排气污染物排放限值

| 车辆类别 | | 测试质量（TM）/kg | CO/（mg/km） | THC/（mg/km） | $NO_x$/（mg/km） |
|---|---|---|---|---|---|
| 第一类车 | | 全部 | 10.0 | 1.20 | 0.25 |
| 第二类车 | I 型 | TM≤1 305 | 10.0 | 1.20 | 0.25 |

续表

| 车辆类别 | | 测试质量（TM）/kg | CO/（mg/km） | THC/（mg/km） | $NO_x$/（mg/km） |
|---|---|---|---|---|---|
| 第二类车 | Ⅱ型 | 1 305＜TM≤1 760 | 16.0 | 1.80 | 0.50 |
| | Ⅲ型 | 1 760＜TM | 20.0 | 2.10 | 0.80 |

混合动力电动汽车Ⅵ型试验要求车辆应按照 GB 18352.6—2016 附录 H 的规定进行试验，同时应满足以下要求：

对于 OVC-HEV 车辆，排放污染物的测量应该在与Ⅰ型试验电量保持模式规定的相同条件下进行，无须进行试验有效性判定。

对于 NOVC-HEV 车辆，排放污染物的测量应该在与Ⅰ型试验中规定的相同条件下进行，无须进行试验有效性判定。

Ⅵ型排放测试流程见图 4-5。

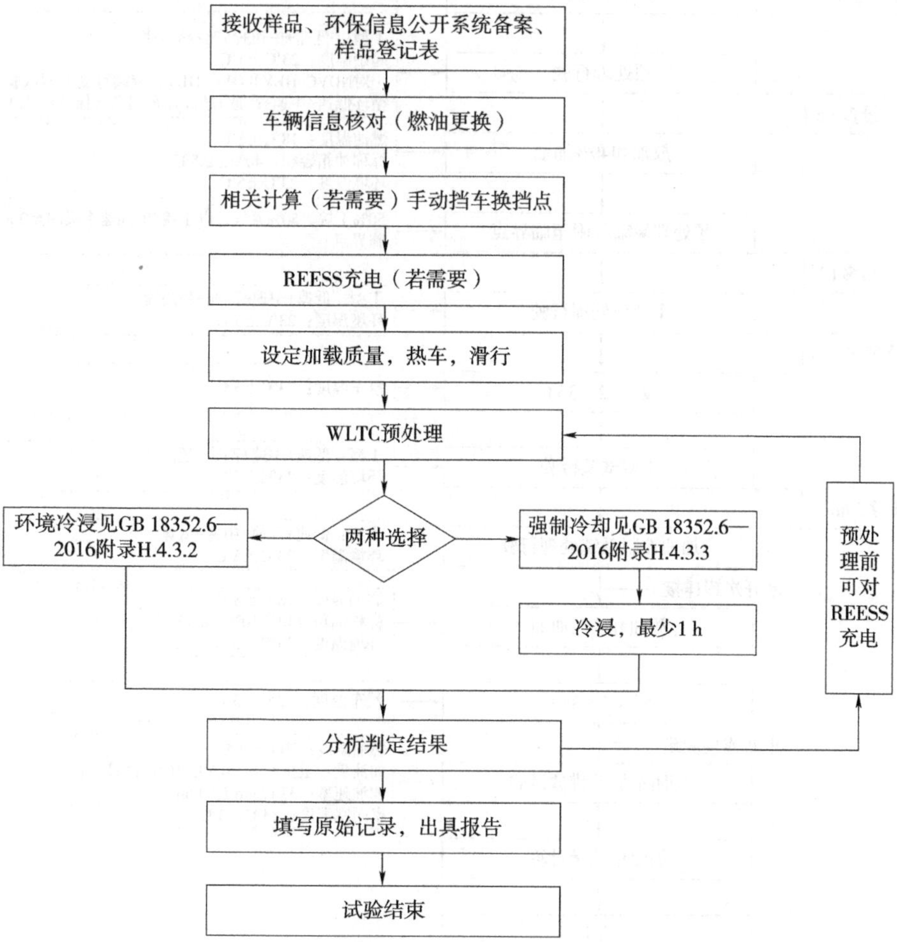


图 4-5　Ⅵ型排放测试流程

### 4.4.7 Ⅶ型试验

除单一气体燃料车外，所有装用点燃式发动机的汽车均应进行此项试验。两用燃料车仅对汽油燃料进行此项试验。本试验同样适用于使用汽油机的混合动力电动汽车。按 GB 18352.6—2016 附录 I 进行试验，加油过程污染物排放试验结果应采用Ⅶ型试验劣化修正值进行加和校正，校正后的加油过程污染物排放量应小于 0.05 g/L。

整体控制系统车辆加油过程污染物排放试验流程见图 4-6，NIRCO 车辆加油过程污染物排放试验流程见图 4-7。

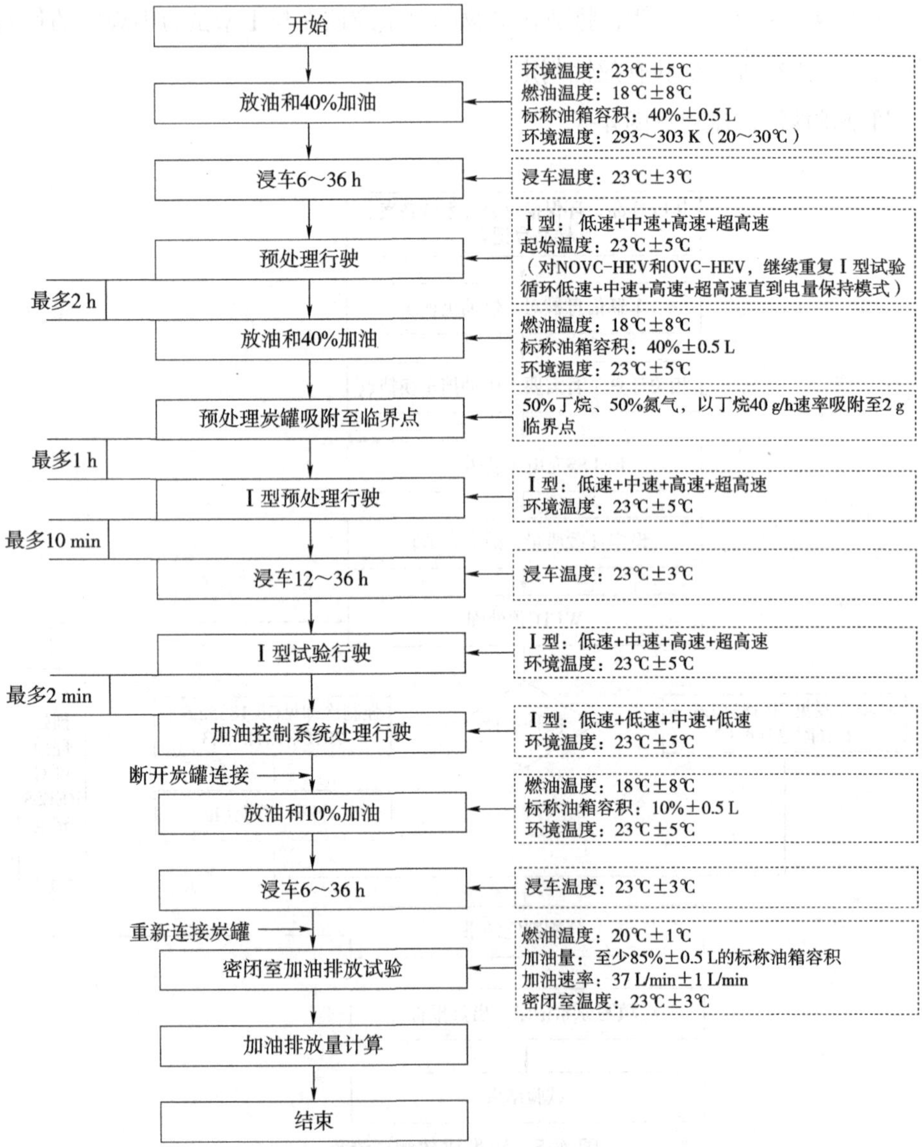


图 4-6 整体控制系统车辆加油过程污染物排放试验流程

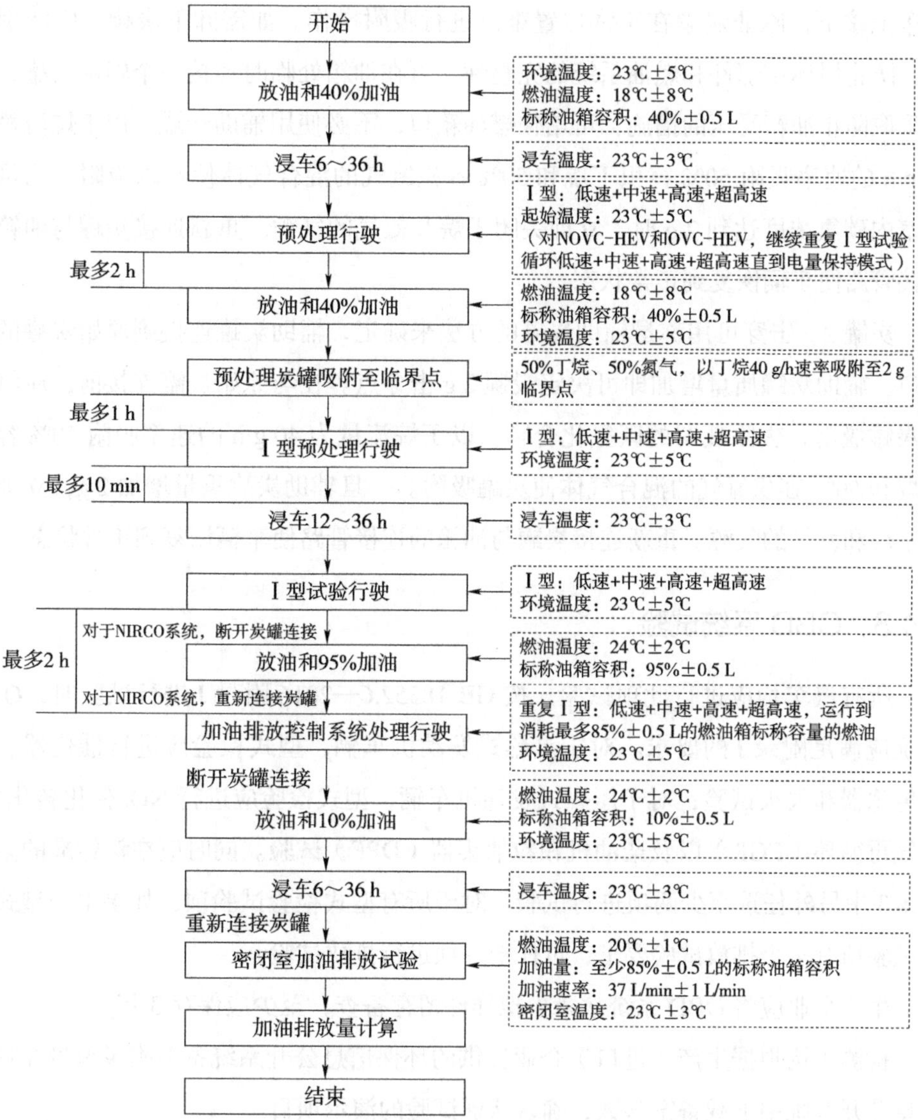


图 4-7　NIRCO 车辆加油过程污染物排放试验流程

在进行Ⅶ型试验时需要对炭罐预处理至 2 g 击穿，如果汽车装有多个炭罐，且多个炭罐以串联方式连接，可以一并被预处理；如果多个炭罐并联连接，应使用同样的方法单独处理每个炭罐。以丁烷流量为 40 g/h 的速率吸附 50% 容积丁烷和 50% 容积氮气的混合气体，当炭罐脱附口累计排放出 2 g 碳氢化合物时，即为 2 g 击穿。

使用密闭室吸附丁烷，如果使用密闭室加载丁烷，应将车辆发动机熄火置于密闭室内。测试前，打开密闭室内风扇，吹扫至背景浓度稳定，然后进行零点和量距标定。准备炭罐用于吸附丁烷，如需要，可将炭罐调整至易于操作的位置，但不应从车上拿下，除非炭罐在正常位置难以进行吸附操作。如需卸下炭罐，应特别小心，防止损坏零部件和燃油系统的完整性。可在油箱处临时连接一个辅助炭罐，如果采取防止油箱受压的措施，可堵住燃油箱口，不必使用辅助炭罐。以丁烷流量为 40 g/h 的速率吸附 50% 容积丁烷和 50% 容积氮气的混合气体使炭罐吸附。测量密闭室内碳氢浓度达到 2 g 时，立即关闭丁烷和氮气的气源。重新连接炭罐与油箱的连接管路使车辆恢复到正常状态。

炭罐 2 g 击穿可用称量辅助炭罐的方法来确定，辅助炭罐连接到原始炭罐的空气口。辅助炭罐质量增加即可决定炭罐 2 g 击穿点。在与原始炭罐连接前，应将辅助炭罐脱附，去除残留的碳氢化合物。以丁烷流量为 40 g/h 的速率吸附 50% 容积丁烷和 50% 容积氮气的混合气体使炭罐吸附。一旦辅助炭罐重量增加 2 g，立即关闭丁烷和氮气的气源。重新连接炭罐与油箱的连接管路使车辆恢复到正常状态。

### 4.4.8 OBD 系统试验

所有汽车均应进行此项试验。按 GB 18352.6—2016 附录 J 进行试验时，OBD 系统应满足附录 J 的要求。对于点燃式发动机车辆，型式检验应进行催化器、前氧传感器和失火试验；对于压燃式发动机车辆，型式检验应进行 $NO_x$ 催化转化器、废气再循环（EGR）以及柴油机颗粒捕集器（DPF）试验。同时应在该标准的附件 JA.6.3 中另外任选至少两项进行试验。对于所有型式检验试验项，如果单个型式检验试验项有多个排放试验要求，可任选一项进行排放试验。

生产企业应将 OBD 系统故障模拟样件留存备查，至少应保存 3 年。

检测机构根据生产（进口）企业提供的环保信息公开系统备案附录编号在环保信息公开系统中下载备案参数，确认认证试验的演示项目。

生产（进口）企业应按照环保信息公开系统中确定的试验项目与检测机构沟通试验顺序、故障模拟方式和所用到的试验循环（如果企业采用 WLTC 之外的其他试验循环，如蒸发循环、浸车温度 / 测试温度、特殊的故障模拟方式等均应提前明确注明，如果主管机构没有异议，则可在验证试验中使用）等信息。

按 GB 18352.6—2016 的要求，只有可变气门（VVT）、燃油系统监测、冷启动减排策略三项允许 ECU 修改软件模拟故障，其他项采用硬件模拟或电子模拟，如采用电子模拟，企业应提交相关材料证明其和硬件模拟等效。

预处理循环：车辆生产企业不得要求试验车辆在预处理循环前进行冷浸，以保证 OBD 系统试验的成功。验证测试循环出于指定监测策略的需要，在进行试验循环前可进行冷浸。

如果同一 OBD 系族内企业提供多辆试验样车同时进行标准要求的 OBD 演示试验，则试验样车的硬件和软件配置应完全相同，包括确保除 OBD 演示试验中燃油系统、VVT、冷启动减排策略等标准允许的软件修改项目外的其他所有试验时车辆的 CAL ID 和 CVN 数据一致。除了不需要进行排放试验的 OBD 演示试验项目所使用的试验样车，多辆试验样车中的其他车辆在更换老化样件后都需要进行基础排放试验。

生产（进口）企业应使用经排放耐久性老化后的试验车辆，或具有耐久性试验相同特征的车辆［未经耐久的车辆应更换等效耐久到 16 万 km 或 20 万 km 的老化件，包括所有催化器、氧传感器和催化型汽油机颗粒捕集器（GPF）］。厂商自行提供老化件的，应提供老化相关证明材料。材料中应说明老化公里数，推算替代的老化方法，提交试验过程数据，附上试验报告。

由于随着灰分的累积，背压升高，根据现有技术经验，一般里程较高的情况下，车辆排放性能更好。因此，允许厂家使用新的 GPF 进行 OBD 功能验证试验。

带有涂层的催化型汽油机颗粒捕集器应进行老化试验。

上述老化件制作方法可以选择 SRC、SBC 和其他替代老化试验方法，采用 SRC 和 SBC 时，企业需提交耐久的过程记录数据。对于其他替代老化试验方法，企业应向主管机构申请，批准后方可使用，并需要提供耐久过程的记录数据和等效老化证明文件。

生产（进口）企业应提供缺陷部件和（或）电气装置用于故障模拟，在进行 WLTC 试验时，这些有缺陷的部件或装置不得导致汽车排放量超过 OBD 阈值。如果生产企业能向主管机构证明，在 WLTC 试验循环运转状态下进行监测，会影响汽车实际使用中限定的监测条件，则可要求在 WLTC 试验循环之外的工况下进行监测。

在进行所有检验项目期间，除燃油系统、VVT、冷启动减排策略等监管部门允许的软件修改项目外，试验车辆的 CAL ID 和 CVN 数据应保持一致。每次试验前检测机构都应采用 OBD 通用诊断工具读取模式 09 文件输出、存储记录并进行核对。

如果生产（进口）企业能够提供数据或工程评估证明该监测系统的任何失效或劣化不会导致排放超过 OBD 阈值，生产企业可免于进行排放验证试验，而仅需进行功能性检查。

OBD系统试验流程见图4-8。

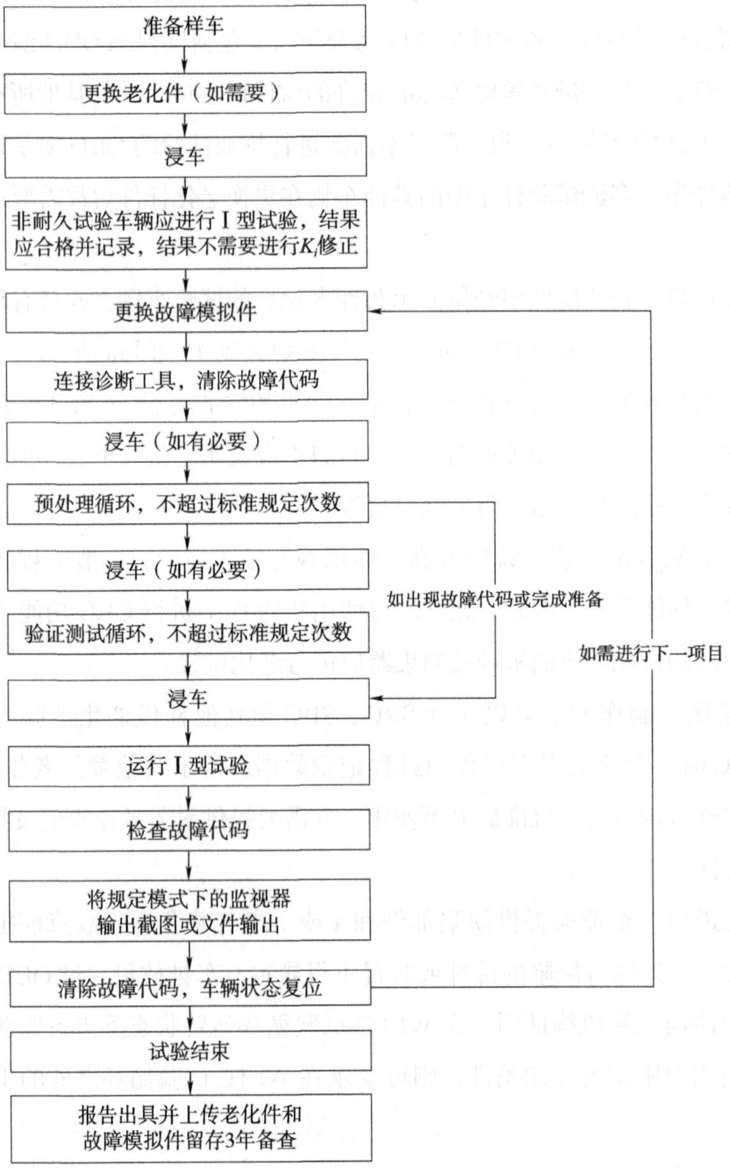


图4-8　OBD系统试验流程

## 4.5　$K_i$因子测试

试验过程包括两个再生阶段之间的排放试验、周期性再生系统的装载过程和再生阶段的排放试验。

### 4.5.1　两个再生阶段之间的排放试验

两个再生阶段之间、再生系统装载阶段的平均排放由多个近似相等（如果多于 2 次）的 I 型试验循环或等效的发动机台架试验循环的算术平均值确定。作为替代，如果生产企业可以提供数据证明两个再生阶段之间的排放是不变的（±15%），则可采用常规的 I 型试验进行排放测量。否则，应进行至少两次 I 型试验循环或等效的发动机台架试验循环测量汽车排放：一次要紧随再生后（在新的装载前），另一次要在再生阶段之前且要尽可能地靠近再生时期。需要记录排放测量的次数以及每一次的排放测量值。

### 4.5.2　周期性再生系统的装载过程

在底盘测功机或在发动机台架上使用 I 型试验循环（也可使用等效的试验循环）进行周期性再生系统的装载，记录装载过程中所使用的循环次数。这些循环可以连续进行（不需要在各循环间让发动机熄火）。完成任一完整的试验循环后，汽车可以暂时移离底盘测功机，一定时间后继续进行试验。

### 4.5.3　再生阶段的排放试验

再生阶段的排放试验，如果有要求则可对汽车进行预处理，在预处理过程中不应发生再生。包含再生过程的冷启动排放试验应按照 I 型试验循环要求完成。如果需要不止一次循环完成再生过程，每个循环都要进行排放测试，而且随后的试验循环要立即进行，则不能熄灭发动机，直到整个再生过程完成（再生循环、I 型试验循环均完成）。应记录完成再生所进行的测试循环数量。

由于部分排放试验结果需要进行 $K_i$ 修正，所以建议装有周期性再生系统的车辆在其他试验项目开始之前先进行 $K_i$ 因子确定试验。

对于两个再生阶段之间的排放试验，图 4-9 中列举了最容易操作也最常见的一种做法，如果生产企业要求整个再生系统装载阶段都进行排放测试也是允许的。另外，如果生产企业可以提供数据证明两个再生阶段之间的排放是不变的（±15%），则只需要进行一次排放试验。

再生阶段的排放可以超过标准规定的相应排放限值，非再生阶段的排放不能超过限值。

两个再生阶段之间的循环次数除装载过程本身产生的循环外，还应该包括在此期间发生的预处理和试验循环。

如果 $K_i$ 乘法因子小于 1 大于 0，则视其为 1；如果 $K_i$ 减法因子小于 0，则视其为 0。

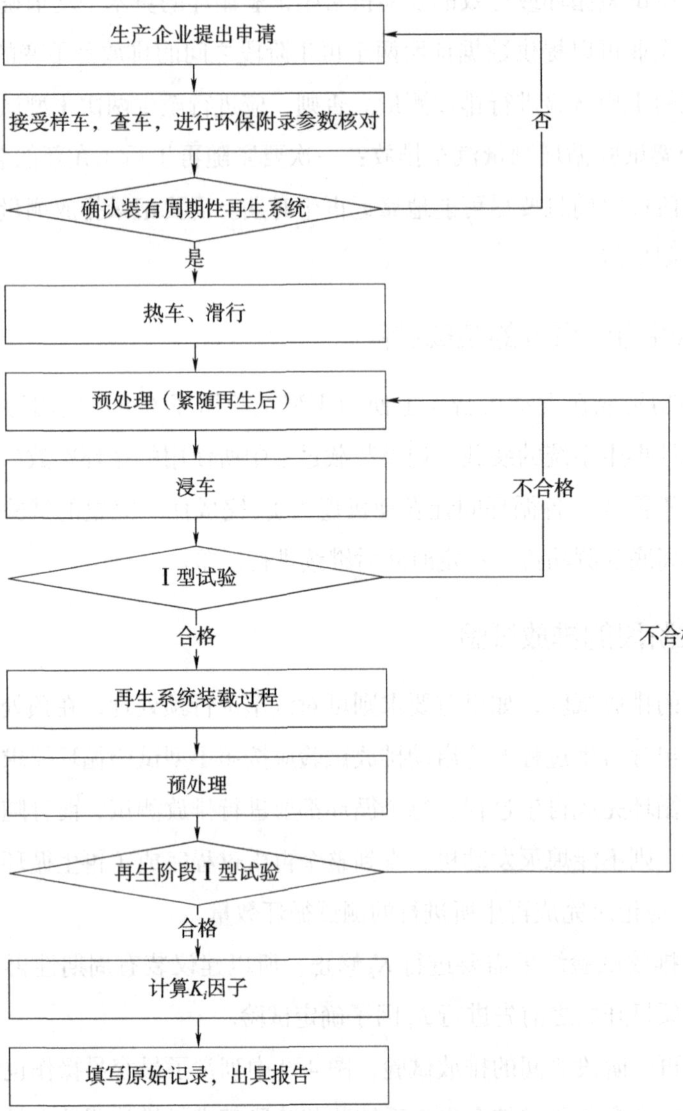


图 4-9　$K_i$ 因子的确定程序

## 4.6　试验用燃料

型式检验试验中，除Ⅱ型和Ⅴ型试验外的所有试验均应采用符合 GB 18352.6—2016 附录 K 要求的基准燃料，Ⅱ型和Ⅴ型试验应采用符合国六阶段汽（柴）油标准的市售车用燃料。

使用 GB 18352.6—2016 附录 K 中未包含的燃料种类的车辆，应采用符合相关国家标准规定的市售车用燃料。

## 4.7　样车及样件留存

汽车生产企业或检测机构应将型式检验样车封存 1 年备查，同一车型采用多个样车进行检验的，可选取其中一辆样车进行封存，封存时间应从该车型所有检验报告中发送最晚的一个检验报告时间开始计算。1 年后将样车 ECU 封存备查。企业应将 OBD 演示车辆使用的老化样件及 OBD 故障模拟器留存 3 年，留存地点可由生产企业和检测机构协商（境内、境外均可），检测机构应做好样车留存信息记录。

装有 48 V 系统的车辆试验根据常规燃油车规程进行，无须执行混合动力电动汽车的电量平衡和 OBD 相关要求。

## 4.8　车辆模式选择

生产企业应保证在所有自动换挡模式下都满足标准限值。这里的“模式”是指用户不需要通过特殊规程，仅点选驾驶室面板上的按键即可进入的模式。型式检验试验时，可以采用主模式（是指无论车辆熄火之前是何种驾驶模式，车辆再次启动时默认选择的驾驶模式）进行污染物和 $CO_2$ 的检验。如果无主模式，生产企业可以按照企业内部定义进行最优情况和最劣情况的试验，$CO_2$ 采用两种模式的算术平均值，信息公开仅上传最劣排放检验报告。

除特殊模式（如维修模式、牵引模式）外，生产企业应完成其他自动换挡模式的验证。生态环境主管部门保留在监督检查时检查其他模式排放的权力。

车辆生产企业应对道路载荷准确度负责，并确保批量生产的车辆均在道路载荷系族内。生产企业应说明采用的载荷系数测定方法，同时提供道路载荷测定报告、行驶阻力曲线、原始数据和推算过程以及其他相关资料。如果企业采用其他替代方法确定道路载荷，则应证明替代方法的准确性和精度等同或优于 GB 18352.6—2016 中规定的任意测定方法，替代方法所使用的相关测试仪器的测量精度和准确度也应满足标准要求，替代方法和相关测试设备的等效性证明有效期为两年。检测机构通过环保信息公开系统下载道路载荷系数开展试验。

## 4.9 装有周期性再生系统

装有周期性再生系统的汽车在试验之前需要进行 $K_i$ 因子的确定。周期性再生系统是指在不超过 4 000 km 的正常车辆运行期间需要一个周期性再生过程的催化转化器、颗粒捕集器或其他污染控制装置。如果污染控制装置在预处理期间发生至少一次再生，在Ⅰ型试验中又发生至少一次再生，则不属于周期性再生系统的范围。

如果生产企业能够提交数据显示其在再生阶段中的排放低于标准规定的限值，可以不进行 $K_i$ 因子的确定，并向生态环境主管部门进行书面声明。

PN 不进行 $K_i$ 因子的确定，$CO_2$ 可以采用 $K_i$=1.05 的固定系数。

汽车可安装一个能防止或者允许再生发生的开关，但该开关的操作应对发动机的初始标定没有任何影响。该开关应仅用于防止再生系统装载期间和预处理循环期间的再生，在再生阶段测量排放时不得使用该开关。

检测机构接到样车后要将车辆参数与环保备案参数进行核对，确保与备案参数一致后方可开始试验，查验样车的过程以及确定 $K_i$ 因子的所有试验均要在环保监控下进行。

## 4.10 装有非周期性再生系统

对于在 WLTC 工况下运行 4 000 km 之内不会发生强制再生的系统，企业应在环保信息公开系统中提交强制再生触发条件，并提交 4 000 km 内在 WLTC 工况下未发生强制再生试验的数据。如果在试验过程中发生强制再生且企业能够证明本次试验达到环保信息公开系统提交的强制再生触发条件，可认为试验结果无效，在生产企业的要求下可以重复进行一次试验。生产企业应确保在第二次试验前车辆已完成再生，并且已进行适当的预处理。

如果污染控制装置在预处理期间发生至少一次再生，在Ⅰ型试验中又发生至少一次再生，则应认为是连续再生系统。

装有被动再生系统的车辆在再生期间排放结果也应满足 GB 18352.6—2016 的限值要求。

# 第5章　下线检验要求

《机动车环保信息公开技术规范》（HJ 1350—2024）中对机动车生产、进口企业在环保信息公开中所需完成的工作进行了完善要求，在流程中提到新生产机动车下线后，机动车生产、进口企业应按标准要求进行下线检验并完成下线检验信息公开工作。这里主要指按 GB 18285—2018 和 GB 3847—2018 两项标准中的相关要求开展新车下线检验，然后对下线检验合格车辆打印环保信息随车清单并随车配发。

2019 年 5 月 1 日之前，机动车出厂或进口前，应按照《点燃式发动机汽车排气污染物排放限值及测量方法（双怠速法及简易工况法）》（GB 18285—2005）和《车用压燃式发动机和压燃式发动机汽车排气烟度排放限值及测量方法》（GB 3847—2005）的规定进行下线检验。2019 年 5 月 1 日之后，机动车出厂或进口前，应按照《汽油车污染物排放限值及测量方法（双怠速法及简易工况法）》（GB 18285—2018）和《柴油车污染物排放限值及测量方法（自由加速法及加载减速法）》（GB 3847—2018）的规定进行下线检验。国产汽车下线检验应在生产企业出厂前完成，进口汽车下线检验应在货物入境前完成。

## 5.1　GB 18285—2018 要求

### 5.1.1　修改与进步

当前正在使用的 GB 18285—2018 是对 GB 18285—2005 的补充和完善。GB 18285—2005 在多年的使用中对点燃式发动机汽车的排放控制发挥了重要的作用。按照 GB 18285—2018 的规定，对新生产发动机汽车要进行环保型式核准，制造厂合格入库或出厂的车辆均要进行双怠速下线检测。在用车环节，各地均要按照规定进行环保定期检验，在机动车保有量大、污染严重的地区，可采用标准规定的简易工况法进行。实施简易工况法的地区要由省级人民政府按照《确定点燃式发动机在用汽车简易工况法排气污染物排放限值的原则和方法》（HJ/T 240—2005）组织制定简易工况法排放限值。

随着新生产汽车排放标准的逐步加严、车辆排放控制水平的不断发展以及我国政府对环境空气质量和大气污染防治工作的严格要求，GB 18285—2005 逐步出现不能完全适应管理要求的情况，主要存在以下问题：

简易工况法缺少国家限值，推荐限值过于宽松。对于在用汽油车和燃气车而言，在 GB 18285—2005 中，对使用双怠速法检测时的一氧化碳和碳氢化合物排放有明确的限值规定，而 GB 18285—2005 中规定的简易工况法并没有给出限值。HJ/T 240—2005 仅给出了推荐限值，缺少强制性的约束力。

简易工况法推荐限值标准过于宽松。简易瞬态工况法下 $HC+NO_x$ 的限值过于宽松，目前 HJ/T 240—2005 在简易工况法下，是以和的形式给出了 HC 和 $NO_x$ 的排放限值，相比独立的 HC 和 $NO_x$ 限值，$HC+NO_x$ 的排放限值显得过于宽松，这不利于对在用车的排放监管。2005 年原标准发布时，我国点燃式发动机汽车为化油器汽车和电喷车共存的局面，而随着技术的发展和大力推动黄标车淘汰，目前点燃式发动机汽车以电喷技术车辆为主，国三以后车辆已经配备 OBD 系统进行监控，车辆污染物排放水平大大降低，因此原标准规定的以当时车辆水平为原则的限值已经不再适用，需要进行修订。

现行标准检测内容滞后于新车排放标准的发展。随着新车排放标准的逐步加严，新的排放控制技术不断出现，在用车环保检验中，单纯地进行双怠速法或简易工况法上线检测已经不能满足管理要求，发达国家已经逐步将外观检验以及 OBD 检验作为在用车环保定期检验的重点，原标准中还缺少这部分的规定，本次修订补充了这部分的规定。

新车下线或合格入库检测方法需要修订。GB 18285—2005 中规定了新车下线或合格入库需要进行检测，但未规定检测方法，生产企业一般选择双怠速法进行测试。但目前我国已经实施国四排放标准，部分地区已经实施国五、国六排放标准，与 2005 年相比，新车的污染物排放水平已大幅降低，利用双怠速法进行测试，仪器的分辨力和误差水平已不能满足测试要求。本次修订修改了新车下线或合格入库检测方法。

与 GB 18285—2005 相比，GB 18285—2018 对标准结构框架进行了调整。本次修订正文增加了检验项目、检验流程、外观检验、OBD 检验、数据记录及报送要求。GB 18285—2018 对标准框架的调整遵循机动车检测的流程并结合当前机动车安全技术检验标准进行，由原来侧重排放限值和测量方法，调整为外观检验、OBD 检验、上线检测等各个检验项目并重。同时规定了注册登记、转移登记等环节检验或检测项目。

另外，修改完善了稳态工况法、简易瞬态工况法和瞬态工况法检测程序，补充了稳态工况法、简易瞬态工况法和瞬态工况法检测设备规定，部分内容采用了《汽油车双怠速法排气污染物测量设备技术要求》（HJ/T 289—2006）、《汽油车稳态工况法排气污染物测量设备技术要求》（HJ/T 291—2006）、《汽油车简易瞬态工况法排气污染物测量设备技术要求》（HJ/T 290—2006）和《点燃式发动机汽车瞬态工况法排气污染物设备技术要求》（HJ/T 396—2007）的规定。

### 5.1.2　检验项目

新生产汽车下线和进口车入境检验时按表 5-1 规定的检验项目进行，还应符合其他标准和法规要求。

表 5-1　检验项目

| 检验项目 | 新生产汽车下线 | 进口车入境 | 注册登记① | 在用汽车① |
|---|---|---|---|---|
| 外观检验（含对污染控制装置的检查和环保信息随车清单核查） | 进行 | 进行 | 进行 | 进行② |
| OBD 检查 | 进行 | 进行 | 进行 | 进行③ |
| 排气污染物检测 | 抽测④ | 抽测④ | 进行 | 进行⑤ |
| 燃油蒸发检测 | 不进行 | 不进行 | 按 GB 18285—2018 中 10.1.2 规定进行 | 按 GB 18285—2018 中 10.1.2 规定进行 |

注：①符合免检规定的车辆，按照免检相关规定进行。
②查验污染控制装置是否完好。
③适用于装有 OBD 的车辆。
④混合动力汽车的污染物排放抽测应在最大燃料消耗模式下进行。
⑤变更登记、转移登记检验按有关规定进行。

### 5.1.3　检验流程

生产企业应确保所有下线车辆污染物控制装置与随车清单内容一致。

生产企业应完成 OBD 检查。排气污染物检测应至少按照车型年产量的 1.0%

进行抽测，最小抽查数量为 15 辆 /a；年产量不足 15 辆的车型，每辆车均应进行检测。排气污染物检测可在稳态工况法、瞬态工况法、简易瞬态工况法中任意选择一种方法（对无法手动切换两驱驱动模式的全时四驱车和适时四驱车等车辆可以采用双怠速法）进行排放检测。

生态环境主管部门在下线环节可对车辆进行外观检验、OBD 检查以及排气污染物检测等全部检验。外观检验重点查验车辆污染控制装置是否与随车清单内容一致。

进口车应在入境前完成新生产汽车下线检验，并将检验信息报送生态环境主管部门。

新车下线环保检验流程见图 5-1。

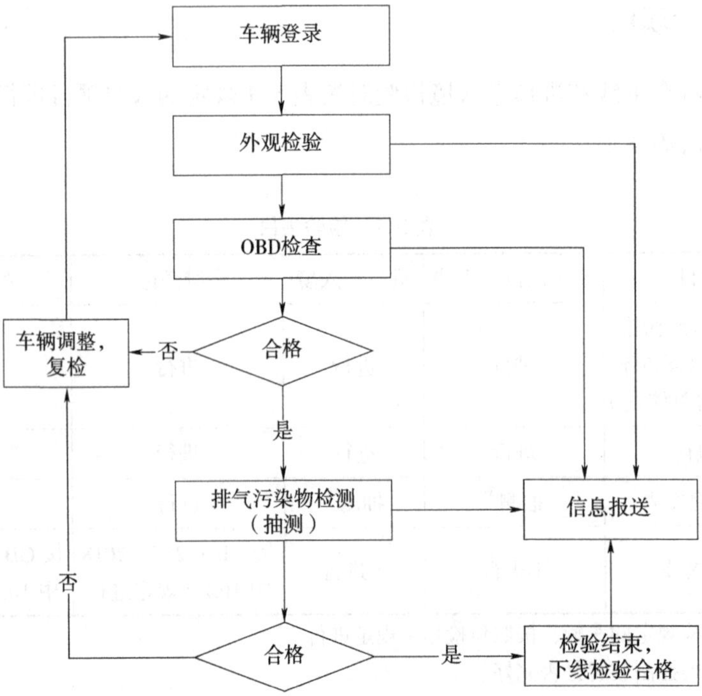


图 5-1 新车下线环保检验流程

（1）双怠速法

应保证被检测车辆处于制造厂规定的正常状态，发动机进气系统应装有空气滤清器，排气系统应装有排气消声器和排气后处理装置，排气系统不允许有泄漏。

进行排放测量时，发动机冷却液或润滑油温度应不低于 80℃，或者达到汽车使用说明书规定的热状态。发动机从怠速状态加速至 70% 额定转速或企业规定的暖机转速，运转 30 s 后降至高怠速状态。将双怠速法排放测试仪取样探头插入排气管中，深度不少于 400 mm，并固定在排气管上。维持 15 s 后，由具有平均值计算功能的双怠速法排放测试仪读取 30 s 内的平均值，该值即为高怠速污染物测量结果。使用闭环控制电子燃油喷射系统和三元催化转化器技术的汽车，还应同时计算过量空气系数（λ）的数值。

发动机从高怠速降至怠速状态 15 s 后，由具有平均值计算功能的双怠速法排放测试仪读取 30 s 内的平均值，该值即为怠速污染物测量结果。在测试过程中，如果任何时刻 CO 与 $CO_2$ 的浓度之和小于 6.0%，或者发动机熄火，均应终止测试，排放测量结果无效，需重新进行测试。

双排气管车辆应取各排气管测量结果的算术平均值作为测量结果。若因车辆排气系统设计导致车辆排气管长度小于测量深度，应使用排气延长管。

双怠速法测量程序如图 5-2 所示。

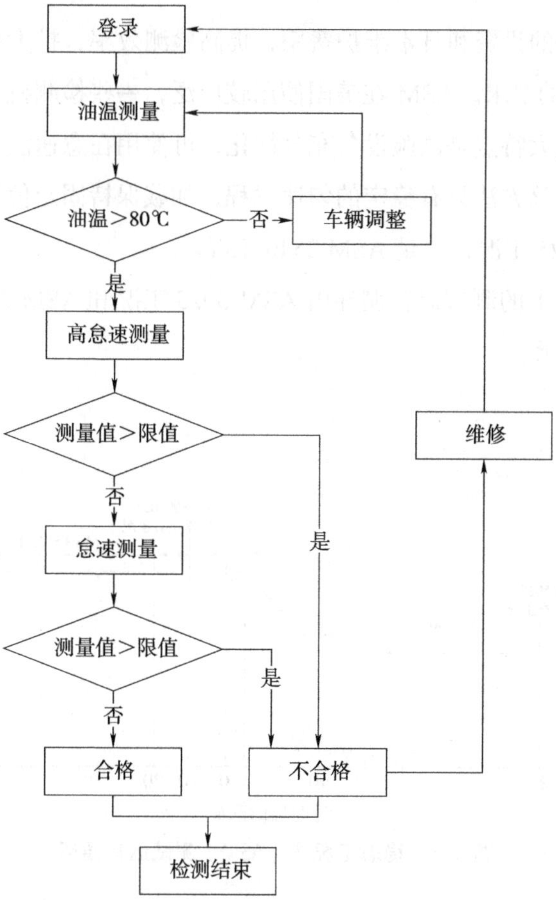


图 5-2　双怠速法测量程序

应使用符合规定的市售燃料，如车用汽油、车用天然气、车用液化石油气等。试验时直接使用车辆中的燃料进行排放测试，不需要更换燃料。

（2）稳态工况法（ASM）

与 GB 18285—2005 相比，《汽油车污染物排放限值及测量方法（双怠速法及简易工况法）》（GB 18285—2018）改动较大的是 ASM 检测方法，GB 18285—2005 规定 ASM 测试中，如果 ASM 5025 工况不合格，检测就结束，车辆检测结果即为不合格。本次修订修改了检测工况的判定规则，修改为如果 ASM 5025 工况不合格，车辆可以继续进行 ASM 2540 工况检测，如果 ASM 2540 工况检测合格，车辆也可以判定为检测合格。主要是考虑到在我国的东北和西北等地冬季检测车辆时，如果等候时间较长，车辆温度较低，有些车辆的三元催化器不能完全发挥作用，ASM 5025 工况检测完后，三元催化器刚达到其正常工作温度，因此进行 ASM 2540 工况检测，如果再不通过，则可判定车辆的三元催化器真正失效，车辆为高排放车辆。

为了减少设备的投资和日常维护费用，提高检测效率，扩大检测范围，美国也提出了使用 ASM 的要求。ASM 在美国使用较广泛，一些检测机构和维修行业采用了这种方法，其最大特点是试验设备充分简化，可使用在怠速法中广泛使用的直接取样浓度分析仪。该方法只有稳定的匀速过程，加载保持固定值，有两个等速工况段：一是 ASM 5025 工况，二是 ASM 2540 工况。

在底盘测功机上的测试运转循环由 ASM 5025 工况和 ASM 2540 工况组成，如图 5-3、表 5-2 所示。

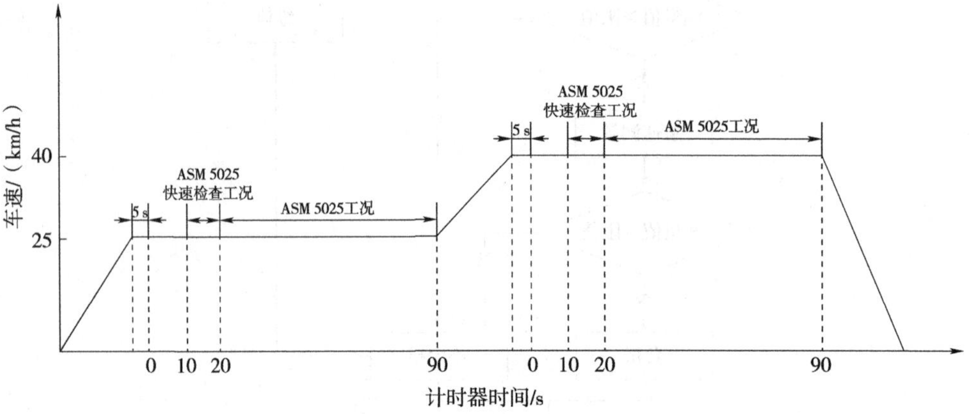


图 5-3　稳态工况法（ASM）测试运转循环

表 5-2　稳态工况法（ASM）测试运转循环时间表

| 工况 | 运转次序 | 速度 /（km/h） | 操作持续时间 /s | 测试时间 /s |
|---|---|---|---|---|
| ASM 5025 | 1 | 0～25 | — | — |
| | 2 | 25 | 5 | |
| | 3 | 25 | 10 | 90 |
| | 4 | 25 | 10 | |
| | 5 | 25 | 70 | |
| ASM 2540 | 6 | 25～40 | — | — |
| | 7 | 40 | 5 | |
| | 8 | 40 | 10 | 90 |
| | 9 | 40 | 10 | |
| | 10 | 40 | 70 | |

① ASM 5025 工况

经预热后的车辆，在底盘测功机上以 25.0 km/h 的速度稳定运行，系统根据测试车辆的基准质量按规定自动施加规定的载荷，测试过程中应保持施加的扭矩恒定不变，车速控制在规定的误差范围内。

ASM 5025 工况计时开始 10 s 后，开始进入快速检查工况，排气分析仪器开始采样，每秒测量一次，并根据稀释修正系数和湿度修正系数计算 10 s 内的排放平均值，运行 10 s 后，ASM 5025 快速检查工况结束，进行快速检查判定。

② ASM 2540 工况

ASM 5025 工况排放检验不合格的车辆，需要继续进行 ASM 2540 工况排放检验。

经预热后的车辆，在底盘测功机上以 40.0 km/h 的速度稳定运行，系统根据测试车辆的整备质量按规定自动施加规定的载荷，测试过程中应保持施加的扭矩恒定不变，车速控制在规定的误差速度范围内。

ASM 2540 工况计时 10 s 后，开始进入快速检查工况，计时器为 $t$=10 s，排气分析仪器开始测量，每秒钟测量一次，并根据稀释修正系数及湿度修正系数计算 10 s 内的排放平均值，运行 10 s 后，ASM 2540 快速检查工况结束，进行快速检查判定。

③车辆准备

车辆准备中如需要，可在发动机上安装冷却液或润滑油温度传感器等测试仪器。应关闭车辆的空调、暖风等附属装备，具有牵引力控制功能的车辆应关闭牵引力控制装置。

车辆预热：进行测试前，车辆动力总成系统的热状态应符合汽车技术条件的规定，并保持稳定。测试前如果待检车辆的等候时间超过 20 min，或在测试前熄火时间超过 5 min，可以选择下列任何一种方法预热车辆：

a. 车辆在无负荷、发动机为 2 500 r/min 转速的状态下，连续运转 240 s；

b. 车辆在测功机上，按 ASM 5025 工况连续运行 60 s。

自动变速车辆应使用 D 挡进行测试，手动变速器的车辆应使用二挡，如果二挡所能达到的最高车速低于 45 km/h，可使用三挡。

车辆驱动轮应置于滚筒上，必须确保车辆的横向稳定，驱动轮轮胎应干燥防滑。车辆应限位良好，对前轮驱动车辆，测试前应使驻车制动起作用。在测试工况计时过程中，不允许对车辆进行制动。如果车辆被制动，工况起始计时应重新置零。

（3）瞬态工况法

自 2005 年 GB 18285—2005 实施以来，汽车企业一直将双怠速法作为汽车下线检测的检测方法，但国三标准实施后，使用目前我国计量仪器标准里规定的双怠速仪器，HC 和 CO 已经不能检测出，因此双怠速法作为下线测试方法已经没有意义。2014 年，公安部和环境保护部发布新规定，试行 6 年以内的非营运轿车和其他小型、微型载客汽车（面包车、7 座及 7 座以上车辆除外）免检制度。在这种情况下，汽车的下线检测就非常重要。

GB 18285—2005 和 HJ/T 240—2005 中分别规定了瞬态工况法的检测方法和检测设备以及排放限值，在底盘测功机上进行的测试运转循环见表 5-3，并用图 5-4 进一步加以描述。

表 5-3　瞬态工况运转循环

| 操作序号 | 操作 | 工序 | 加速度 /（$m/s^2$） | 速度 /（km/h） | 每次时间 | | 累计时间 / s | 手动换挡时使用的挡位 |
|---|---|---|---|---|---|---|---|---|
| | | | | | 操作 /s | 工况 /s | | |
| 1 | 怠速 | 1 | — | — | 11 | 11 | 11 | 6 sPM+5 s$K_1$ |
| 2 | 加速 | 2 | 1.04 | 0.04 | 4 | 4 | 15 | 1 |
| 3 | 等速 | 3 | — | 15 | 8 | 8 | 23 | 1 |
| 4 | 减速 | 4 | −0.69 | 15.69 | 2 | 5 | 25 | 1 |
| 5 | 减速，离合器脱开 | | −0.92 | 10.9 | 3 | | 28 | $K_1$ |

续表

| 操作序号 | 操作 | 工序 | 加速度 / ( $m/s^2$ ) | 速度 / ( km/h ) | 每次时间 | | 累计时间 / s | 手动换挡时使用的挡位 |
|---|---|---|---|---|---|---|---|---|
| | | | | | 操作 /s | 工况 /s | | |
| 6 | 怠速 | 5 | — | — | 21 | 21 | 49 | 16 sPM+5 $sK_1$ |
| 7 | 加速 | 6 | 0.83 | 0.83 | 5 | 12 | 54 | 1 |
| 8 | 换挡 | | | | 2 | | 56 | — |
| 9 | 加速 | | 0.94 | 1 594 M | 5 | | 61 | 2 |
| 10 | 等速 | 7 | — | 32 | 24 | 24 | 85 | 2 |
| 11 | 减速 | 8 | −0.75 | 32.75 | 8 | 11 | 93 | 2 |
| 12 | 减速，离合器脱开 | | −0.92 | 10.9 | 3 | | 96 | K2 |
| 13 | 怠速 | 9 | — | — | 21 | 24 | 117 | 16 sPM+5 $sK_1$ |
| 14 | 加速 | 10 | 0.83 | 0.83 | 5 | 26 | 122 | 1 |
| 15 | 换挡 | | | | 2 | | 124 | — |
| 16 | 加速 | | 0.62 | 1 562 M | 9 | | 133 | 2 |
| 17 | 换挡 | | | | 2 | | 135 | — |
| 18 | 加速 | | 0.52 | 3 552 M | 8 | | 143 | 3 |
| 19 | 等速 | 11 | — | 50 | 12 | 12 | 155 | 3 |
| 20 | 减速 | 12 | −0.52 | 50.52 | 8 | 8 | 163 | 3 |
| 21 | 等速 | 13 | — | 35 | 13 | 13 | 176 | 3 |
| 22 | 换挡 | 14 | | | 2 | 12 | 178 | — |
| 23 | 减速 | | −0.86 | 32.86 | 7 | | 185 | 2 |
| 24 | 减速，离合器脱开 | | −0.92 | 10.9 | 3 | | 188 | $K_2$ |
| 25 | 怠速 | 15 | — | — | 7 | 7 | 195 | 7 sPM |

受检车辆机械状况良好，无可能影响安全或引起测试偏差的机械故障。排气系统无泄漏。变速箱和冷却系统等无液体渗漏。关闭受检车辆的空调和暖风等附属装备。受检车辆驱动轮轮胎应干燥、轮胎磨损符合要求、轮胎间无杂物，轮胎气压符合车辆使用说明书的规定，车辆限位良好。进行测试前，受检车辆工作温度应符合出厂规定要求，过热车辆不得进行排放测试。如果受检车辆在测试前熄火时间超过 20 min，或车辆冷却液温度低于 80℃，在排放测试前，应采取适当措施对测试车辆进行预热处理，使冷却液温度达到 80℃及以上。

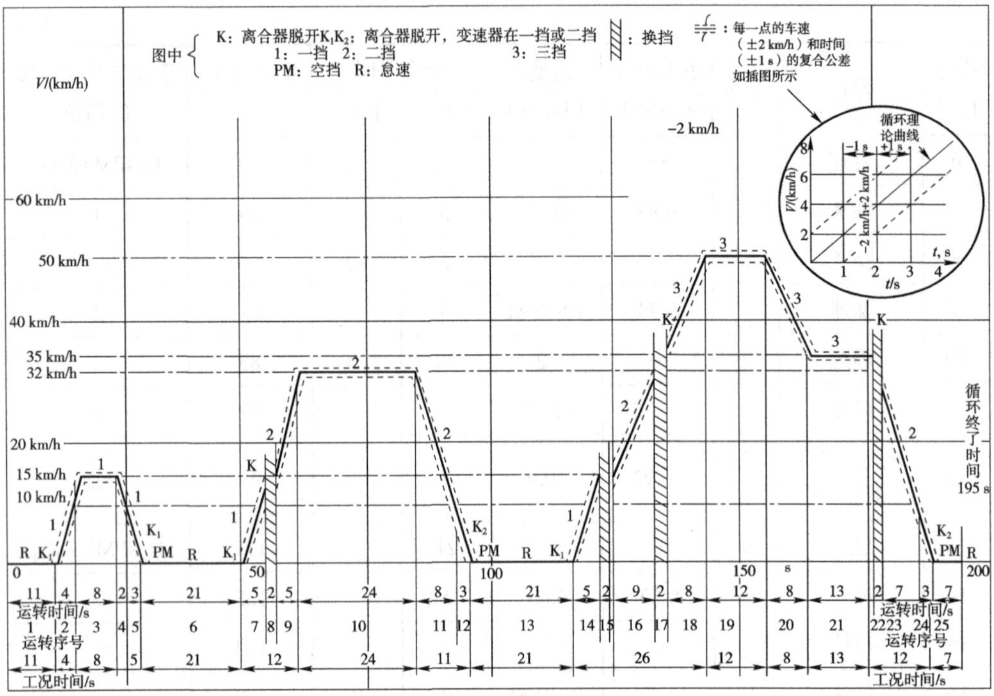

图 5-4 瞬态工况运转循环

（4）简易瞬态工况法（VMAS）

为了克服 ASM 与 FTP 相关性差、IM240 虽与 FTP 相关性好但费用太高以及不利于推广的困难，一种被称作 VMAS（Vehicle Mass Analysis System）的检测方法几年前在美国出现。VMAS 是一种瞬态加载简易工况法。它使用与 IM240 相同的底盘测功机，吸取了 IM240 采用瞬态工况、测量稀释后排气量最终可得出污染物排放量的优点，也吸取了 ASM 直接利用简便式尾气分析仪就可对各个污染物浓度测试的长处，采用一种被称为“气体流量分析仪”的装置来测得汽车的排气流量（经稀释）。经处理计算，最终也可得出每种污染物每千米的排放量。

在开展简易瞬态工况法测试时，车辆机械状况良好，没有可能影响安全或引起测试偏差的机械故障。车辆进气、排气系统不得有任何泄漏。车辆的发动机、变速箱和冷却系统等应无液体渗漏。应关闭受检车辆的空调和暖风等附属装备。

进行排放测试前，受检车辆温度应符合制造厂出厂规定，不能对过热车辆进行排放测试。如果受检车辆在排放测试前熄火时间超过 20 min，在进行简易瞬态排放测试前，应采取适当措施对被测试车辆进行预热处理。

在底盘测功机上进行的测试运转循环见表 5-3，按运转状态分解的统计时间分别列入表 5-4 和表 5-5。

表 5-4　按工况分解表

<table>
<tr><th>工况</th><th>时间 /s</th><th colspan="2">占比 /%</th></tr>
<tr><td>怠速</td><td>60</td><td>30.8</td><td rowspan="2">35.4</td></tr>
<tr><td>怠速、车辆减速、离合器脱开</td><td>9</td><td>4.6</td></tr>
<tr><td>换挡</td><td>8</td><td colspan="2">4.1</td></tr>
<tr><td>加速</td><td>36</td><td colspan="2">18.5</td></tr>
<tr><td>等速</td><td>57</td><td colspan="2">29.2</td></tr>
<tr><td>减速</td><td>25</td><td colspan="2">12.8</td></tr>
<tr><td>合计</td><td>195</td><td colspan="2">100</td></tr>
</table>

表 5-5　按使用挡位分解表

<table>
<tr><th>变速器挡位</th><th>时间 /s</th><th colspan="2">占比 /%</th></tr>
<tr><td>怠速</td><td>60</td><td>30.8</td><td rowspan="2">35.4</td></tr>
<tr><td>怠速、车辆减速、离合器脱开</td><td>9</td><td>4.6</td></tr>
<tr><td>换挡</td><td>8</td><td colspan="2">4.1</td></tr>
<tr><td>一挡</td><td>24</td><td colspan="2">12.3</td></tr>
<tr><td>二挡</td><td>53</td><td colspan="2">27.2</td></tr>
<tr><td>三挡</td><td>41</td><td colspan="2">21.0</td></tr>
<tr><td>合计</td><td>195</td><td colspan="2">100</td></tr>
</table>

## 5.2　GB 3847—2018 要求

### 5.2.1　修改与进步

自 2005 年柴油车标准《车用压燃式、气体燃料点燃式发动机与汽车排气污染物排放限值及测量方法（中国Ⅲ、Ⅳ、Ⅴ阶段）》（GB 17691—2005）及《车用压燃式发动机和压燃式发动机汽车排气烟度排放限值及测量方法》（GB 3847—2005）颁布以来，汽车企业为了满足氮氧化物及颗粒物排放要求，不断研究、开发新的污染控制技术，目前已经形成比较成熟的柴油车机内排放控制技术和机外后处理技术。

GB 3847—2005 使用过程中对压燃式发动机汽车的烟度排放控制，无论是新车还是在用车，都发挥了重要作用。按照 GB 3847—2005 的规定，对新生产发动机要进行环保型式检验，环境保护部发布型式核准自由加速烟度值。在新车环节，制造厂合格入库或出厂的汽车均要进行自由加速烟度测量，烟度排放不得超过环

保型式核准批准值 +0.5 $m^{-1}$，否则不得出厂。在在用车环节，规定采用自由加速法进行烟度环保定期检验，各类型、各阶段机动车应达到相应的排放限值。另外，GB 3847—2005 还规定，在机动车保有量大、污染严重的地区，可采用 GB 3847—2005 规定的加载减速法进行，加载减速法烟度限值由省级人民政府组织制定。但随着机动车环保体系的完善以及相关环保标准的实施，GB 3847—2005 已经逐步不能适应管理要求，主要存在以下问题：

关于新生产汽车部分内容已经不适合管理要求。随着新生产机动车国家第三、第四、第五阶段排放标准的实施，在新生产发动机和新车环保型式检验时，增加了进行负荷烟度测试（ELR）以及瞬态颗粒物排放测试。测试结果表明，如果发动机排放满足 ELR 和瞬态颗粒物排放测试，新生产发动机的自由加速烟度就必定达标，因此 GB 3847—2005 中关于新车型式核准时自由加速烟度测试的相关规定已经没有实际意义，修订删除了相关规定。

GB 3847—2005 中缺少国三及以后阶段汽车在用时排放测试相关规定。随着新生产机动车国家第三、第四、第五阶段排放标准的实施，我国的柴油车保有量中已经存在大量达到国三、国四甚至国五阶段排放标准的汽车，但 GB 3847—2005 中并没有包括符合国三排放标准及以上车型的排放限值。另外，压燃式发动机汽车标准 GB 17691—2005 要求自国Ⅳ阶段后开始增加了 OBD 要求，而对在用车进行排放检验时，GB 3847—2005 中没有规定 OBD 检查的相应要求。

柴油车定期检验时缺少氮氧化物测试要求。在《中华人民共和国国民经济和社会发展第十二个五年规划纲要》和《中华人民共和国国民经济和社会发展第十三个五年规划纲要》中，均明确把氮氧化物列为“十二五”和“十三五”四项污染物减排约束性指标之一，机动车已成为“十二五”和“十三五”氮氧化物总量减排工作的重要组成部分。我国机动车污染防治年报数据表明，2015 年柴油车排放氮氧化物占汽车总排放量的 69.0%，此次修订在 GB 3847 中增加了在用柴油车进行 $NO_x$ 排放检测的规定。

高海拔地区柴油车排放限值规定，由于我国新生产机动车等效采用欧洲排放标准，在新车型型式检验上没有对生产企业提出高海拔的要求，导致在用车环节，我国许多位于高原地区的城市中，柴油车环保定期检验检测率偏低，甚至出现新车上线检测即不达标的情况，因此此次修订对高原地区限值进行了研究。

另外，GB 3847—2005 侧重检测方法，缺少检测项目、检测流程及检测环节方面的规定，需要补充和完善相关内容。

与 GB 3847—2005 相比，关于自由加速和加载减速烟度排放限值，研究欧洲、我国国内关于国三标准以上汽车的自由加速排放法规，征求汽车排放法规方面专家的意见，结合汽车企业申请环保型式核准证书时申报材料中提交的自由加速烟度排放数据，确定国三及以上排放阶段汽车自由加速的排放限值，将确定的限值采用我国实际年检数据进行验证，通过统计分析，确定出适合国三和国四在用车的自由加速烟度排放限值。

加载减速法测试数据也是基于城市年检数据，对收集的数据按轻型车和重型车、生产日期以及不同基准质量进行分类，分别计算烟度监测数据在该基准质量分类下出现监测数据的频率，并由此推算监测数据累计频率。分析各阶段车辆排气污染物相对浓度与累计频率关系，根据具体车辆达标率制定烟度排放限值。

对柴油车测量 $NO_x$ 进行调研分析，并利用目前在用车年检分析仪与新车台架测试仪进行一定的发动机台架对比试验，研究在年检中进行柴油车 $NO_x$ 测量的可行性。若可行，确定测量方法和排放限值。测量方法尽量以目前加载减速法为原型进行，在加载减速法工况上进行微调，调整原则以兼顾 $NO_x$ 和烟度检测为准。

按照《车用压燃式、气体燃料点燃式发动机与汽车车载诊断（OBD）系统技术要求》（HJ 437—2008）相关规定增加 OBD 系统的内容。研究美国和欧洲国家关于在用车辆 OBD 系统规定要求，确定了 GB 3847 修订中关于车辆 OBD 的规定。

## 5.2.2　检验项目

新生产汽车下线和进口车入境检验时按表 5-6 规定的检验项目进行，还应符合其他标准和法规要求。

表 5-6　检验项目

| 检验项目 | 新生产汽车下线 | 进口车入境 | 注册登记① | 在用汽车① |
|---|---|---|---|---|
| 外观检验（含对污染控制装置的检查和环保信息随车清单核查） | 进行 | 进行 | 进行 | 进行② |
| OBD 检查 | 进行 | 进行 | 进行 | 进行③ |
| 排气污染物检测 | 抽测④ | 抽测④ | 进行 | 进行⑤ |

注：①符合免检规定的车辆，按照免检相关规定进行。

②查验污染控制装置是否完好。

③适用于装有 OBD 的车辆。

④混合动力汽车的污染物排放抽测应在最大燃料消耗模式下进行。

⑤变更登记、转移登记检验按有关规定进行。

### 5.2.3 检验流程

生产企业应确保所有下线车辆污染物控制装置与随车清单内容一致。

生产企业应完成 OBD 检查。排气污染物检测应至少按照车型年产量的 1.0% 进行加载减速法（对无法进行的全时四驱车辆可以采用自由加速法）检测，最小抽查数量为 15 辆 /a；年产量不足 15 辆的车型，每辆车均应进行检测。

生态环境主管部门在下线环节可对车辆进行外观检验、OBD 检查以及排气污染物检测等全部检验。外观检验重点查验车辆污染控制装置是否与随车清单内容一致。

进口车应在入境前完成新生产汽车下线检验，并将检验信息报送生态环境主管部门。新车下线环保检验流程见图 5-5。

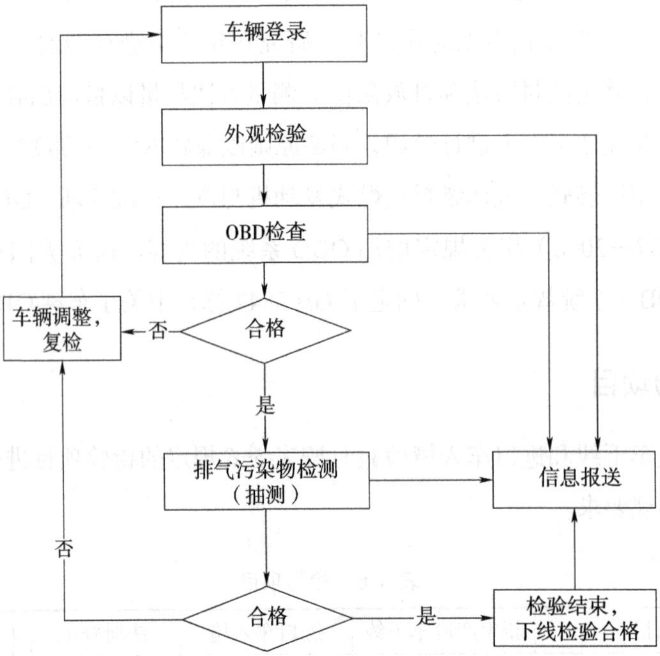


图 5-5 新车下线环保检验流程

（1）自由加速法

试验应针对整车进行。试验前车辆发动机不应停机，或长时间怠速运转。不透光烟度计及其安装应符合 GB 3847—2018 附录中不透光烟度计的特性和安装要求的规定。试验应采用符合国家标准的车用燃料。可以直接使用车辆油箱中的燃料进行测试。

车辆在不进行预处理的情况下也可以进行自由加速烟度试验。但出于安全考虑，试验前应确保发动机处于热状态，并且机械状态良好。发动机应充分预热，例如，在发动机机油标尺孔位置测得的机油温度至少为 80℃。如果由于车辆结构限制无法进行温度测量，可以通过其他方法判断发动机温度是否处于正常运转温度范围内。

在正式进行排放测量前，应采用 3 次自由加速过程或其他等效方法吹拂排气系统，以清扫排气系统中的残留污染物。

通过目测进行车辆排气系统相关部件泄漏检查。

发动机（包括废气涡轮增压发动机）在每个自由加速循环的开始点均处于怠速状态，对重型车用发动机，将油门踏板放开后至少等待 10 s。

在进行自由加速测量时，必须在 1 s 内，将油门踏板连续完全踩到底，使供油系统在最短时间内达到最大供油量。每个自由加速测量在松开油门踏板前发动机必须达到额定转速。使用自动变速箱的车辆应达到发动机额定转速（如果无法达到，不应小于额定转速的 2/3）。

在测量过程中应监测发动机转速，检查是否符合试验要求（特殊情况下，无法测得发动机转速的车辆除外），并将发动机转速数据实时记录并上报。检测重复进行 3 次，结果取每次最大值，将 3 次自由加速烟度测量最大值的算术平均值作为测量结果。

（2）加载减速法

试验前应该对车辆的技术状况进行检查，以确定待检车辆是否能够进行后续的排放检测，对车辆的预检要求见 HJ 3847—2018 的附件 BA。待检车辆放在底盘测功机上，按照规定的加载减速检测程序，检测最大轮边功率和相对应的发动机转速与转鼓表面线速度（VelMaxHP），并检测 VelMaxHP 点和 80%VelMaxHP 点的排气光吸收系数 $k$ 及 80%VelMaxHP 点的氮氧化物浓度。排气光吸收系数检测应采用分流式不透光烟度计。

加载减速过程中经修正的轮边功率测量结果不得低于制造厂规定发动机额定功率的 40%，否则判定为检验结果不合格。

排放检测由三部分组成：第一部分是对车辆进行预先检查，即检查受检车辆身份与车辆行驶证是否一致，以及进行排放检测的安全性；第二部分是检查检测系统和车辆状况是否适合进行检测；第三部分则是进行排气检测，由主控计算机系统控制自动进行排放检测，以保证检测过程的一致性和检测结果的可靠性。

每条检测线至少应设置 3 个岗位，一是计算机操作岗位，二是受检车辆驾驶员岗位，三是辅助检查岗位；各岗位人员均应随时注意受检车辆在检测过程中是否出现异常情况。

①预先检查

驾驶检测员应将车辆驾驶到底盘测功机前等待检测，并进行车辆的预先检查。预先检查的目的是核实受检车辆和车辆行驶证是否相符，并评价车辆的状况是否能够进行加载减速检测，按 GB 3847—2018 附件 BA 加载减速法测试对车辆的预检要求规定的程序进行预先检查。

在将车辆驾驶上底盘测功机前，检测员还应对受检车辆进行以下调整：

中断车上所有主动型制动功能和扭矩控制功能（自动缓速器除外），如中断制动防抱死系统（ABS）、电子稳定程序（ESP）等。对于无法中断车上主动型制动功能和扭矩控制功能的车辆，可采用自由加速法进行排放检测。

关闭车上所有以发动机为动力的附加设备，如空调系统，并切断其动力传递机构（如适用）。除检测驾驶员外，受检车辆不能载客，也不能装载货物，不得有附加的动力装置。必要时，可以用测试驱动桥质量的方法来判断底盘测功机是否能够承受待检车辆驱动桥的质量。

在检测准备工作中，应特别注意以下事项：

a. 对于非全时四轮驱动车辆，应根据车辆的驱动类型选择驱动方式；

b. 对于紧密型多驱动轴的车辆，或全时四轮驱动车辆等，不能进行加载减速检测，应进行自由加速排放检测。

②检查检测系统

检测系统检查的目的是判断底盘测功机是否能够满足待检车辆的功率要求，同时检查检测系统的工作状态是否正常。如果待检车辆通过了规定的预检程序，检测员应按以下步骤将待检车辆驾驶到底盘测功机上：

举起测功机升降板，并检查是否已将转鼓牢固锁好。小心将车辆驾驶到底盘测功机上，并将驱动轮置于转鼓中央位置。需注意：除测功机允许双向操作外，一定要按测功机的规定方向驶入，否则有可能损坏底盘测功机，当驱动轮位于转鼓鼓面上时，严禁使用倒挡。

放下测功机升降板，松开转鼓制动器。待完全放下升降板后，缓慢驾驶使受检车辆的车轮与试验转鼓完全吻合。轻踩制动踏板使车轮停止转动，发动机熄火。

按照测功机设备商的建议将受检车辆的非驱动轮楔住，固定车辆安全限位装置。对于前轮驱动的车辆，应有防侧滑措施。应为受检车辆配备辅助冷却风扇，掀开机动车的动力仓盖板，保证冷却空气流通顺畅，以防止发动机过热。

③排气检测

在开始检测以前，检测员应检查试验通信系统工作是否正常。在车辆散热器前方 1 m 左右处放置强制冷却风机，以保证车辆在检测过程中发动机冷却系统有效工作。

除检测员外，在检测过程中，其他人员不得在测试现场逗留。车辆安置到位将测功机举升机放下后应对车辆进行低速运行检测，确保车辆运行处于稳定状态。

发动机应充分预热，例如，在发动机机油标尺孔位置测得的机油温度应至少为 80℃。因车辆结构无法进行温度测量时，可以通过其他方法使发动机处于正常运转温度。若传动系统处于冷车状态，应在测功机无加载状态下低中速运行车辆，使车辆的传动部件达到正常工作温度。发动机熄火，变速器置空挡，将不透光烟度计的采样探头置于大气中，检查不透光烟度计的零刻度和满刻度。检查完毕后，将采样探头插入受检车辆的排气管中，注意连接好不透光烟度计，采样探头的插入深度不得低于 400 mm。不应使用尺寸太大的采样探头，以免对受检车辆的排气背压影响过大，影响输出功率。在检测过程中，应将采样气体的温度和压力控制在规定的范围内，必要时可对采样管进行适当冷却，但要注意不能使测量室内出现冷凝现象。

在确认机动车可以进行排放检测后，将底盘测功机切换到自动检测状态。

加载减速测试的过程必须完全自动化，具体要求见检测软件说明。在整个检测循环中，均由计算机控制系统自动完成对测功机加载减速过程的控制。

自动控制系统采集两组检测状态下的检测数据，以判定受检车辆的排气光吸收系数 $k$ 和 $NO_x$ 是否达标，两组数据分别在 VelMaxHP 点和 80%VelMaxHP 点获得。

上述两组检测数据包括轮边功率、发动机转速、排气光吸收系数 $k$ 和 $NO_x$，必须将不同工况点的测量结果均与排放限值进行比较。若测得的排气光吸收系数 $k$ 或 $NO_x$ 超过了标准规定的限值，均判断该车的排放不合格。

检测开始后，检测员应始终将油门保持在最大开度状态，直到检测系统通知松开油门为止。在试验过程中检测员应实时监控发动机冷却液温度和机油压力。无论是冷却液温度超出了规定的温度范围，还是机油压力偏低，都必须立即暂时停止检测。冷却液温度过高时，检测员应松开油门踏板，将变速器置空挡，使车辆停止运转。然后使发动机在怠速工况下运转，直至冷却液温度恢复到正常范围。

（3）林格曼烟度法

林格曼黑度级数是评价烟羽黑度的一种数值，将观测的烟羽黑度与林格曼烟气黑度图对比得到。标准的林格曼烟气黑度图由 14 cm × 21 cm 的不同黑度的图片组成，除全白与全黑分别代表林格曼黑度 0 级和 5 级外，其余 4 个级别是根据黑色条格占整块面积的百分数来确定的，黑色条格的面积占 20% 为 1 级，占 40% 为 2 级，占 60% 为 3 级，占 80% 为 4 级。

林格曼烟度法的测试应在白天进行，观测人员与柴油车排气口的距离应保证足以对排气情况进行清晰的观察。林格曼烟气黑度图安置在固定支架上，图片面向观测人员，尽可能使图片位于观测人员至排气口端部的连线上，并使图与排气有相似的天空背景。图距观测人员应有足够的距离，以使图上的线条看起来融合在一起，从而使每个方块有均匀的黑度。

观测人员的视线应尽量与排气烟羽飘动的方向垂直。观察排气烟羽的仰视角不应太大，一般情况下不宜大于 45°，尽量避免在过于陡峭的角度下观察。观察排气烟羽黑度力求在比较均匀的光照下进行。如果在太阳光照射下观察，应尽量使照射光线与视线成直角，光线不应来自观测人员的前方或后方。雨雪天、雾天及风速大于 4.5 m/s 时不应进行观察。

观察排气烟羽的部位应选择在排气黑度最大的地方。观察时，观测人员连续观测排气黑度，将排气的黑度与林格曼烟气黑度图进行比较，记下排气的林格曼级数最大值作为林格曼烟度值。如果排气黑度处于两个林格曼级之间，可估计一个 0.5 或 0.25 林格曼级数。

观察排气宜在比较均匀的照明环境下进行。如在阴天的情况下观察，由于天空背景较暗，在读数时应根据经验取稍偏低的级数（减去 0.25 级或 0.5 级）。

应使用符合规范要求的林格曼烟气黑度图，并注意保持图面的整洁。在使用过程中，林格曼烟气黑度图如果被污损或褪色，应及时更换新的图片。

观测前先平整地将林格曼烟气黑度图固定在支架或平板上，支架的材料要求坚固轻便，支架或平板的颜色应柔和自然，不应对观察造成干扰。使用时图面上不要加任何覆盖层，以免影响图面的清晰度。

凭视觉鉴定的排气黑度是反射光的作用。所观测到的排气黑度读数，不仅取决于排气本身的黑度，还与风速、排气管的大小结构（出口断面的直径和形状）及观测时的照射光线和角度有关。在现场观测时，应充分注意这些因素。

## 5.3 OBD 要求

汽车排气污染物的控制，仅控制新车质量是不够的，为了保证车辆在长期运行中的排放性能，在排放标准中还应当规定汽车的排放耐久性。在美国汽车排放标准中，对新车的排放耐久性有下述规定：在汽车运行8万km和10万km以后，必须满足相应的排放限值，由EPA进行抽查；各种车型有关排放的零部件故障，必须向EPA登记。EPA可以根据统计，禁止故障太多的车型继续销售；汽车必须装有排放诊断系统，对于非用户使用不当而造成的排放性能劣化，制造厂必须免费提供修理。

为了监测汽车排放控制系统部件在运行过程中的性能变化，及时判断故障原因，以便修理厂及时处理故障，美国在1988年就推出了OBD系统。第一代的车载排放诊断系统仅为了监测和电控系统相关部件的故障。1994年起，在美国的排放法规中明确规定了新出厂的轿车必须装有第二代车载诊断系统（OBD Ⅱ）。

我国汽油车自第三阶段排放标准实施以来，在《轻型汽车污染物排放限值及测量方法（中国Ⅲ、Ⅳ阶段）》（GB 18352.3—2005）中规定，要求轻型汽车自国三标准实施起，加装OBD装置，随后发布了《轻型汽车车载诊断（OBD）系统管理技术规范》（HJ 500—2009）以及燃气车OBD技术要求《车用压燃式、其他燃料点燃式发动机与汽车系统技术要求》。在这些标准中还规定了在用汽车OBD检验程序。

### 5.3.1 检验流程

装有OBD的汽车在完成外观检验后，应进行OBD检查。OBD检查包括基本功能检查、故障代码检查以及人为故障检查等。检查中发现故障指示器激活及故障指示器故障的车辆，应要求车主维修。

装有OBD的汽车所规定的OBD系统检查内容。考虑到目前OBD扫描仪的现状，OBD检查内容将分两个阶段实施。第一阶段为人工扫描和记录阶段，用OBD扫描仪扫描后，人工连接到计算机读取和记录扫描结果。第二阶段为自动传输阶段，将OBD扫描仪放置在尾气检测线上，连接车辆OBD接口，OBD扫描仪扫描内容自动传输至检测主控机，主控机检测软件自动记录和判定。

新车下线采用OBD检测作为下线检测的主要手段，汽车生产企业应对每辆车的OBD系统进行检查，确认OBD系统正常后方可出厂。

（1）车型确认

在对车辆进行OBD检查前，首先应确认该车型是否为配置有OBD系统的车型。车型确认之后，如发现OBD故障指示器（MIL灯）被点亮，则要求车主维修后再进行排放检验。如果MIL灯未被点亮，则应将OBD诊断仪连接到受检车辆上检验是否存在 OBD 系统故障。

（2）检查故障指示器

目测检查仪表板上故障指示器的状态，初步判断车辆 OBD 系统的故障指示系统的工作是否正常。将受检车辆点火开关置于“ON”后（车辆仪表指示灯被点亮），对仪表板上的指示灯进行自检，同时 OBD 故障指示器（MIL 灯）应被激活，暂时点亮；若故障指示器没有被激活，说明 MIL 灯本身存在故障，可以判定 OBD 检查结果不合格。

启动发动机，MIL 灯同时熄灭，表明车辆故障指示器工作状态正常，车辆可能不存在确认的排放相关故障；若故障指示器继续被点亮，表明车辆存在排放相关故障，受检车辆需要进行维修，消除故障后重新进行排放检验。

（3）读取数据

检验人员在完成对故障指示器的检查后，启动 OBD 诊断仪，使用 OBD 诊断仪的快速检查功能，检查是否存在排放相关故障代码。整个过程无须进一步进行人工操作，OBD 诊断仪将自动读出检测结果，并将检测结果传输到计算机数据管理系统上，根据输出的检查结果，判断车辆是否存在排放相关故障，检验流程参见图 5-6。

将 OBD 诊断仪与车辆诊断接口正确连接后，如果连续两次尝试通信失败，检测人员应确认该 OBD 诊断仪与其他车辆的 OBD 系统是否能够正常进行通信［通信检查应满足 ISO 15765-4/SAE J1850/ISO-9141-2/ISO-14230-4 通信协议作为与扫描工具（scan tool）的通信协议的车型，车辆的关键诊断或排放电子动力控制单元（Diagnostic or Emission Critical Powertrain Control Unit，DEC-PCU）按照各自通信协议规定的时间，正确响应扫描工具发送的模式 01 的 PID $00 请求］，如与其他车辆能够正常通信，则应进一步查询该车辆的 OBD 检查记录，以及与该车同型号车辆的 OBD 检查记录，如有该车辆 OBD 通信合格记录或同型号车辆 OBD 通信合格记录，则判定该车 OBD 检查不合格。如未发现通信合格记录，受检车辆的 OBD 检查结束，判定 OBD 检查通过，在通信检查结果记录不合格。若同型号车型 OBD 通信检查记录（至少 5 台）均不合格，应进一步查看仪表板上故障指示器显示的状态与从 OBD 诊断仪获取的状态信息是否一致。如果二者的状态一致，并且故障指示器被熄灭，则该项检查合格；若二者状态一致，但是故障指示器被点亮，则该车辆存在与排放相关的故障，车辆排放检验不合格，需要进行维修后复检；若二者状态不一致，判定车辆 OBD 不合格，需要维修后进行复检，同时作为问题车型上报。

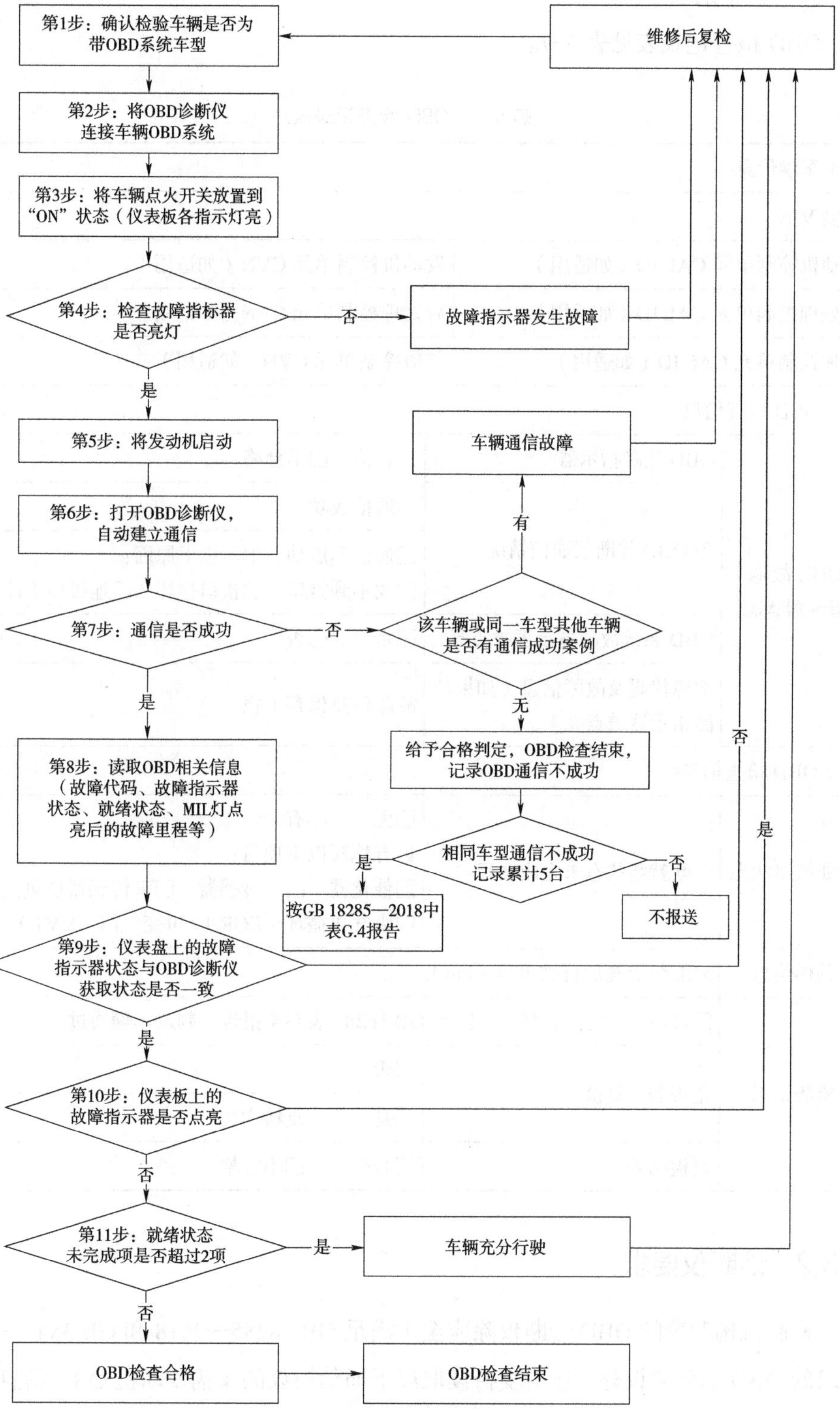


图 5-6　OBD 系统检验流程

（4）数据记录

OBD检查记录表见表5-7。

表5-7　OBD检查记录表

<table>
<tr><td colspan="3">（1）车辆信息</td></tr>
<tr><td colspan="3">车辆VIN</td></tr>
<tr><td colspan="2">发动机控制单元CAL ID（如适用）</td><td>发动机控制单元CVN（如适用）</td></tr>
<tr><td colspan="2">后处理控制单元CAL ID（如适用）</td><td>后处理控制单元CVN（如适用）</td></tr>
<tr><td colspan="2">其他控制单元CAL ID（如适用）</td><td>其他控制单元CVN（如适用）</td></tr>
<tr><td colspan="3">（2）OBD检查信息</td></tr>
<tr><td rowspan="5">OBD故障指示器状态</td><td>OBD故障指示器</td><td>□合格　□不合格</td></tr>
<tr><td rowspan="2">与OBD诊断仪通信情况</td><td>□通信成功</td></tr>
<tr><td>□通信不成功，填写以下原因：<br>□找不到接口　□接口损坏　□连接后不能通信</td></tr>
<tr><td>OBD系统故障指示器被点亮</td><td>□是　□否</td></tr>
<tr><td>故障代码及故障信息（如果故障指示器被点亮）</td><td>故障信息保存上报</td></tr>
<tr><td colspan="3">（2）OBD检查信息</td></tr>
<tr><td>诊断就绪状态</td><td>诊断就绪状态未完成项目</td><td>□无　□有<br>如有填写以下项目：<br>□催化器　□氧传感器　□氧传感器加热器<br>□废气再循环（EGR）/可变气门（VVT）</td></tr>
<tr><td>其他信息</td><td colspan="2">MIL灯点亮后行驶里程（km）：</td></tr>
<tr><td rowspan="4">检测结果</td><td colspan="2">□合格　□不合格　□按GB 18285表G.4报告，判定车辆通过</td></tr>
<tr><td rowspan="2">是否需要复检</td><td>□否</td></tr>
<tr><td>□是　复检内容：</td></tr>
<tr><td>复检结果</td><td>□合格　□不合格</td></tr>
</table>

### 5.3.2　诊断仪要求

检验机构配置的OBD诊断仪除应至少满足GB 18285—2018和GB 3847—2018要求的OBD通信协议外，还应支持读取以下通信协议的车辆发动机OBD信息：

乘用车：ISO 14230-2、ISO 14229、ISO 13400（DoIP）等；

商用车：SAE J1939 等。

对于乘用车，OBD 诊断仪应该具备基于 ISO 9141-2 通信协议支持五波特率初始化要求、基于 ISO 14230-4 通信协议需同时支持五波特率初始化和快速初始化的要求。

对于商用车，OBD 诊断仪应该具备基于 CAN（ISO 15765、SAE J1939 或 ISO 27145）通信的波特率（250 kbps 或 500 kbps）进行自动检测和匹配的能力。

（1）基本功能

下线检验环节仅进行 OBD 接口检查、OBD 故障指示器目视检查以及连接 OBD 诊断仪进行通信检查，检查 OBD 诊断仪中的故障指示器激活状态与仪表盘上的 MIL 灯状态是否一致，若故障指示器激活应记录上报对应确认故障码（注意：注册登记 OBD 检查不对诊断就绪状态进行要求）。检查具体步骤如下：

首先找出 OBD 诊断仪接口连接 OBD 诊断仪。若车辆无 OBD 诊断仪接口则判定 OBD 检查不合格。

车辆进行上电（不启动发动机）进行车辆仪表盘电路自诊断，检查仪表盘 MIL 灯是否点亮或闪烁。如未点亮或闪烁判定 OBD 检查不合格。

启动发动机，如果 MIL 灯持续点亮或闪烁则判定 OBD 检查不合格。

打开 OBD 诊断仪开关，进行 OBD 通信检查，如不能正常通信，判定 OBD 检查不合格。

检查 OBD 诊断仪中的故障指示器激活状态与仪表板上的 MIL 灯状态是否一致，如不一致，则判定 OBD 检查不合格。若故障指示器激活，应记录上报对应确认故障码。

OBD 诊断仪将读取到的车辆信息和控制单元信息自动发送到主控计算机，并进行数据上传，OBD 检查结束。

（2）快速检查

将 OBD 诊断仪接口与车辆访问接口连接，开启 OBD 诊断仪后，OBD 诊断仪将自动尝试进行通信，自动读取的故障代码信息、故障指示器状态、诊断就绪状态、MIL 灯点亮后行驶里程，并输出上述结果，应在 60 s 内完成上述过程。

（3）数据传输

具有自动传输数据的功能，所传输的数据包括但不限于：受检车辆信息（包括车牌号码、车辆 VIN 码、CAL ID、CVN 等）、与排放相关的故障代码、各零部件诊断就绪状态、各零部件或系统的 IUPR 分子和分母数据、MIL 灯点亮后行驶里程、故障指示器状态、故障发生时存储的冻结帧数据、排放检测过程中的相关数据流等，应在 60 s 内完成数据传输。

数据应自动传输给本地排放检测主控计算机和生态环境主管部门。

OBD 诊断仪应在排放试验结束后自动传输故障诊断结果，包括故障代码、冻结帧数据、故障后的行驶里程等。数据传输过程和结束后，都应进行提示。

### 5.3.3 检查项目

故障码检查仅限当前激活故障指示器（MIL 灯点亮）的确认故障码和永久故障码（永久故障码仅限国六车辆），对 OBD 诊断仪读取到的其他故障码，如非排放相关故障码（电气系统、安全系统等）、未决故障码、修复后遗留的确认故障码均不进行判定。

故障码的检查应通过故障指示器是否激活（MIL 灯点亮）进行判定，若故障指示器激活（MIL 灯点亮），报告中记录对应当前的确认故障码，若故障指示器未激活（MIL 灯未点亮），报告中无须记录和判定。国六阶段车辆若存在永久故障码，判定 OBD 检查不合格（GB 18285—2018 和 GB 3847—2018 附录检测报告中“OBD 系统故障指示器报警及故障码”选项填写“有”）。

若 OBD 通信不合格应判定 OBD 系统检查不合格。

## 5.4 下线检验数据上传

生态环境部于 2018 年 9 月 27 日发布了《汽油车污染物排放限值及测量方法（双怠速法及简易工况法）》（GB 18285—2018）和《柴油车污染物排放限值及测量方法（自由加速法及加载减速法）》（GB 3847—2018）两项国家标准，要求企业报送新车下线检验数据。2019 年 11 月 1 日起，新生产、进口的汽车应进行环保检验。生产（进口）企业是下线检验的责任主体，企业可以采用委托检验的形式进行。新车下线检验数据通过报送接口，以数据报文的方式向生态环境部报送数据。

### 5.4.1 一般要求

企业通过机动车环保网环保信息公开系统注册成功后再申请新车下线检验数据

报送账号。

企业应使用网上新车下线检验报送接口。通过检验数据报送接口，企业将新车下线检验报告以数据报文的方式上传至环保信息公开系统。企业可在环保信息公开系统中查看数据报送情况。

企业应保证所报送的新车下线检验数据与随车清单数据（共有项目）一致。

企业只能报送本企业信息公开车型车辆的新车下线检验信息。

### 5.4.2　报送账户

企业报送账户由企业管理员在环保信息公开系统对应功能菜单中进行设置管理，原则上如果报送账户进行了数据报送，则该账户不能被删除，账户应与企业地址或生产厂地址相对应。

### 5.4.3　数据保存

按照 GB 18285—2018 和 GB 3847—2018 的规定，应保存检测过程数据和检测结果。至少包括车辆信息、环境参数、检测信息（过程数据和检测结果）、检测设备（包括标定和校准等）等。保存检验数据，包括新车下线检测报告、排放检测数据、OBD 检查数据。

检测数据自动保存，电子档案保存应不少于 10 年，纸质档案保存期限不应少于 6 年，报告单格式参考 GB 18285—2018 附录 G 的规定。

### 5.4.4　数据报送

应按要求实现新车下线检验与生态环境部联网，在规定期限内报送检验数据，报送数据包括车辆信息、环境参数、检测信息、检测过程数据、检测结果、检测设备，数据报送项目见环保信息公开系统中《新车下线检验数据报送操作手册》。

### 5.4.5　报送时间及方式

按照 GB 18285—2018 和 GB 3847—2018 的规定，下线检验信息应实时联网报送，进口车的下线检验信息在入境前完成报送。通过网络服务接口的方式进行报送，自 2019 年 11 月 1 日起实施。

## 5.4.6 数据项目

（1）车辆信息，见表 5-8。

表 5-8 车辆信息

| 序号 | 代码 | 名称 | 类型 | 描述 |
|---|---|---|---|---|
| 1 | vehicleModel | 车辆型号 | C100 | 无 |
| 2 | vin | 车辆识别代号 | C17 | 无 |
| 3 | xxgkbh | 信息公开编号 | C29 | 底盘填写为“DP” |
| 4 | sb | 商标 | C200 | 无 |
| 5 | SCCMC | 制造商名称 | C200 | 应与附录一致 |
| 6 | sccdz | 生产厂地址 | C100 | 无 |
| 7 | scdate | 生产日期 | C8 | YYYYMMDD 格式 |
| 8 | fdjh | 发动机编号 | C50 | 无 |
| 9 | fdjsb | 发动机厂牌 | C100 | 允许空，重型车必填 |
| 10 | fdjsccdz | 发动机生产厂地址 | C100 | 允许空，重型车必填 |

（2）环境参数，见表 5-9。

表 5-9 环境参数

| 序号 | 代码 | 名称 | 类型 | 描述 |
|---|---|---|---|---|
| 1 | rh | 相对湿度 | N4,N2 | 单位为 % |
| 2 | et | 环境温度 | N5,N2 | 单位为℃ |
| 3 | ap | 大气压力 | N5,N2 | 单位为 kPa |

（3）检测信息，见表 5-10。

表 5-10 检测信息

| 序号 | 代码 | 名称 | 类型 | 描述 |
|---|---|---|---|---|
| 1 | testType | 排气检测方法 | N1 | 0- 免检，1- 双怠速法，2- 稳态工况法，3- 简易瞬态工况法，4- 加载减速法，6- 自由加速法，7- 林格曼烟度法，8- 瞬态工况法，9- 其他 |
| 2 | testNo | 检测报告编号 | C18 | GB 18285—2018 中的 G.3.1 |
| 3 | testDate | 排放检测日期 | C8 | YYYYMMDD 格式，免检为空 |

续表

| 序号 | 代码 | 名称 | 类型 | 描述 |
|---|---|---|---|---|
| 4 | apass | 外观检验判定 | N1 | 0- 不通过，1- 通过，免检为空 |
| 5 | opass | OBD 检查判定 | N1 | 0- 不通过，1- 通过 |
| 6 | otestdate | OBD 检测日期 | C8 | YYYYMMDD 格式 |
| 7 | epass | 排放检验结果 | N1 | 0- 不通过，1- 通过，免检为空 |
| 8 | result | 最终判定 | N1 | 0- 不通过，1- 通过 |

（4）检测过程数据，见表 5-11。

表 5-11　检测过程数据

| 序号 | 代码 | 名称 | 类型 | 描述 |
|---|---|---|---|---|
| 1 | OBD | 型式检验时的 OBD 要求 | C2 | 1，OBD Ⅱ<br>5，NO OBD<br>6，EOBD<br>29，CN-OBD-6<br>（包括的其他项目见 SAEJ 1979） |
| 2 | ODO | 车辆行驶里程 | N8,N1 | 如适用 |
| 3 | MODULE ID | 控制单位模块 ID | C11 | — |
| 4 | CAL ID | CAL ID | C20 | ECM、TCM、DMCM、SCR、BECM、BSCM 等（适用的） |
| 5 | CVN | CVN | C20 | — |

（5）检测结果，见表 5-12～表 5-17。

①双怠速法

表 5-12　双怠速法检测

| 序号 | 代码 | 名称 | 类型 | 描述 |
|---|---|---|---|---|
| 1 | reac | 过量空气系数结果 | N3,N2 | — |
| 2 | leacmax | 双怠速过量空气系数上限 | N3,N2 | — |
| 3 | leacmin | 双怠速过量空气系数下限 | N3,N2 | — |
| 4 | lrco | 低怠速 CO 结果 | N3,N2 | 单位为 % |
| 5 | llco | 低怠速 CO 限值 | N3,N2 | 单位为 % |
| 6 | lrhc | 低怠速 HC 结果 | N4 | $10^{-6}$ |
| 7 | llhc | 低怠速 HC 限值 | N4 | $10^{-6}$ |

续表

| 序号 | 代码 | 名称 | 类型 | 描述 |
|---|---|---|---|---|
| 8 | hrco | 高怠速 CO 结果 | N3,N2 | 单位为 % |
| 9 | hlco | 高怠速 CO 限值 | N3,N2 | 单位为 % |
| 10 | hrhc | 高怠速 HC 结果 | N4 | $10^{-6}$ |
| 11 | hlhc | 高怠速 HC 限值 | N4 | $10^{-6}$ |

②稳态工况法

表 5-13　稳态工况法检测

| 序号 | 代码 | 名称 | 类型 | 描述 |
|---|---|---|---|---|
| 1 | arhc5025 | 5025HC 结果 | N4 | $10^{-6}$ |
| 2 | alhc5025 | 5025HC 限值 | N4 | $10^{-6}$ |
| 3 | arco5025 | 5025CO 结果 | N3,N2 | 单位为 % |
| 4 | alco5025 | 5025CO 限值 | N3,N2 | 单位为 % |
| 5 | arnox5025 | 5025$NO_x$ 结果 | N4 | $10^{-6}$ |
| 6 | alnox5025 | 5025$NO_x$ 限值 | N4 | $10^{-6}$ |
| 7 | arhc2540 | 2540HC 结果 | N4 | 允许空，$10^{-6}$ |
| 8 | alhc2540 | 2540HC 限值 | N4 | $10^{-6}$ |
| 9 | arco2540 | 2540CO 结果 | N3,N2 | 允许空，单位为 % |
| 10 | alco2540 | 2540CO 限值 | N3,N2 | 单位为 % |
| 11 | arnox2540 | 2540$NO_x$ 结果 | N4 | 允许空，$10^{-6}$ |
| 12 | alnox2540 | 2540$NO_x$ 限值 | N4 | $10^{-6}$ |

③简易瞬态工况法

表 5-14　简易瞬态工况法检测

| 序号 | 代码 | 名称 | 类型 | 描述 |
|---|---|---|---|---|
| 1 | vrhc | HC 结果 | N3,N2 | 单位为 g/km |
| 2 | vlhc | HC 限值 | N2,N1 | 单位为 g/km |
| 3 | vrco | CO 结果 | N3,N2 | 单位为 g/km |
| 4 | vlco | CO 限值 | N2,N1 | 单位为 g/km |
| 5 | vrnox | $NO_x$ 结果 | N3,N2 | 单位为 g/km |
| 6 | vlnox | $NO_x$ 限值 | N2,N1 | 单位为 g/km |

④加载减速法

表 5-15　加载减速法检测

| 序号 | 代码 | 名称 | 类型 | 描述 |
|---|---|---|---|---|
| 1 | rateRevUp | 额定转速上限 | N5 | 单位为 r/min |
| 2 | rateRevDown | 额定转速下限 | N5 | 单位为 r/min |
| 3 | rev100 | 实测转速 | N5 | 单位为 r/min |
| 4 | maxPower | 实测最大轮边功率 | N4,N1 | 单位为 kW |
| 5 | maxPowerLimit | 最大轮边功率限值 | N4,N1 | 单位为 kW |
| 6 | smoke100 | 100% 点烟度 | N3,N2 | 单位为 $m^{-1}$ |
| 7 | smoke80 | 80% 点烟度 | N3,N2 | 单位为 $m^{-1}$ |
| 8 | smokeLimit | 烟度限值 | N3,N2 | 单位为 $m^{-1}$ |
| 9 | nox | 氮氧化物测量值 | N4 | $10^{-6}$ |
| 10 | noxLimit | 氮氧化物限值 | N4 | $10^{-6}$ |

⑤自由加速法

表 5-16　自由加速法检测

| 序号 | 代码 | 名称 | 类型 | 描述 |
|---|---|---|---|---|
| 1 | rateRev | 额定转速 | N5 | 单位为 r/min |
| 2 | rev | 实测转速 | N5 | 单位为 r/min |
| 3 | smokeK1 | 第一次烟度测量值 | N3,N2 | 单位为 $m^{-1}$ |
| 4 | smokeK2 | 第二次烟度测量值 | N3,N2 | 单位为 $m^{-1}$ |
| 5 | smokeK3 | 第三次烟度测量值 | N3,N2 | 单位为 $m^{-1}$ |
| 6 | smokeAvg | 烟度测量平均值 | N3,N2 | 单位为 $m^{-1}$ |
| 7 | smokeKLimit | 烟度限值 | N3,N2 | 单位为 $m^{-1}$ |

⑥瞬态工况法

表 5-17　瞬态工况法检测

| 序号 | 代码 | 名称 | 类型 | 描述 |
|---|---|---|---|---|
| 1 | vrco | CO 结果 | N3,N2 | 单位为 g/km |
| 2 | vlco | CO 限值 | N2,N1 | 单位为 g/km |
| 3 | vrhcnox | HC $NO_x$ 结果 | N3,N2 | 单位为 g/km |
| 4 | vlhcnox | HC $NO_x$ 限值 | N2,N1 | 单位为 g/km |

（6）检测设备，见表 5-18。

表 5-18　检测设备

| 序号 | 代码 | 名称 | 类型 | 描述 |
| --- | --- | --- | --- | --- |
| 1 | analyManuf | 分析仪制造厂 | C30 | 允许空 |
| 2 | analyName | 分析仪名称 | C30 | 允许空 |
| 3 | analyModel | 分析仪型号 | C50 | 允许空 |
| 4 | analyDate | 分析仪检定日期 | C8 | 允许空，YYYYMMDD 格式 |
| 5 | dynoModel | 测功机型号 | C50 | 允许空 |
| 6 | dynoManuf | 测功机生产厂 | C50 | 允许空 |

# 第 6 章　量产车评估测试

## 6.1　总体要求

OBD 生产一致性检查和试验按 GB 18352.6—2016 附件 JA.7 执行。JA.7 规定了量产车辆评估（以下简称 PVE）测试，PVE 作为生产车辆 OBD 系统生产一致性（COP）自我检查的重要组成部分，车辆正式量产之后，企业需提交 PVE 测试计划和报告，并接受监督检查。

生产企业应制订年度 PVE 测试计划并通过环保信息公开系统在每年 4 月 1 日前提交当年计划，系统每季度提供一次计划修改、报告和检验信息上传的窗口时间，生产企业应按要求选择最为临近的时间窗口进行结果上传。如年度 PVE 测试计划发生变更，企业应及时在系统中更新年度 PVE 测试计划。企业应在 PVE 测试计划提交的同时将监测要求验证（J2）涉及车型的所有 DTC 的完整的 Summary Table 也一并通过环保信息公开系统上传，如该车型完整的 Summary Table 已在型式检验材料中提交，则无须再次上传。

PVE 测试由标准化验证、监测要求验证以及在用监测性能的验证和报告三部分组成，生产企业应当以 OBD 系族为基础编制 PVE 测试计划，并在 OBD 系族内分别划分标准化验证（J1）、监测要求验证（J2）以及在用监测性能测试分组（J3），根据分组情况选择代表性车辆测试和数据统计，定期向监管部门提交计划报告，评估测试流程见图 6-1。

国产车型 PVE 测试应在国内进行；进口车型的 J1 试验和 J2 试验可以在国外进行，J3 试验必须在国内进行。

国产车型 J1 试验和 J2 试验提交报告依据的量产时间以随车清单生产时间为准，进口车型（包括在国外进行 J1 试验和 J2 试验的）J1 试验和 J2 试验提交报告依据的量产时间以随车清单进口时间为准（2018 年的量产车型含在 2019 年的测试计划中，首次 J2 试验的报告递交时间以 2019 年车型进口时间为准），J3 试验提交

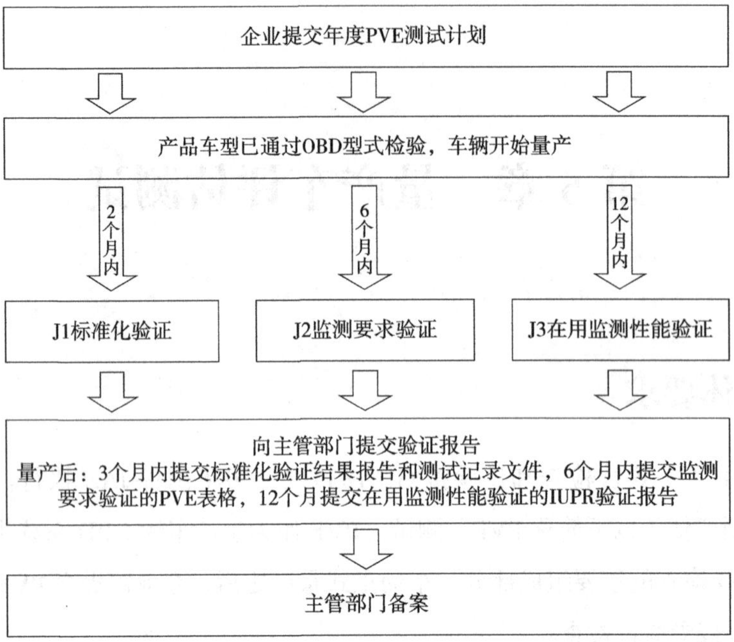


图 6-1　量产车评估测试流程

报告依据的量产时间均以首辆车辆国内注册登记日期为准。

排放中性诊断以及安全相关诊断需要详细讨论定义，因此美国加利福尼亚州空气资源局从 2019 年才开始要求申报，虽然标准中已经提及，但目前 OBD 申报材料中仅申报与排放相关的故障代码，其他排放中性诊断故障码以及安全相关故障码暂不要求报送。

原则上，企业可以对已提交的 PVE 测试计划进行修改和调整，不同法人必须单独开展 PVE 工作。

## 6.2　测试车辆选取

根据 GB 18352.6—2016 附件 JA.7 中的规定，对满足 GB 18352.6—2016 附录 JB 规定的同一汽车 OBD 系族的车辆，生产企业应选择其中 1 辆（或多辆）具有代表性的车辆进行验证。

为了使包含在同一个 OBD 系族中，但具有不同差异的 OBD 系统能够得到验证，生产企业应编制标准化验证测试组（以下简称 JA71 测试组）、监测要求测试组（以下简称 JA72 测试组）和在用性能监测测试组（以下简称 JA73 测试组），并在每个测试组分别选取车辆并进行验证。

（1）生产企业在编制 PVE 测试组时，为保证 OBD 系统族内具有显著通信系统构架差异以及 OBD 系统监测功能触发条件不同的车型都能够得到验证，JA71 测试组、JA73 测试组可参考以下条件（包括但不限于）：

①关键诊断或排放电子动力控制单元（DEC-ECU）；

②软件版本号；

③硬件配置；

④总线通信结构和总线拓扑存在显著差异的。

（2）企业相对自身采用了新的控制器或者拓扑结构发生明显变化的车型，生产企业在编制 PVE 测试组时，JA72 测试组可参考以下条件（包括但不限于）：

①关键诊断或排放电子动力控制单元（DEC-ECU）的数量；

② DEC-ECU 的特性（如同样是 TCM，对于 AT 和 DCT/CVT 还是不同的）。

（3）当全部 OBD 系族中所有测试组的车型均被测试时，企业可自行选择测试车型，并在 PVE 测试计划中进行说明且向监管部门备案。每一年度生产企业的 J2 测试原则上不应少于 3 个车型，如 JA72 测试组少于 3 个则可少于 3 台，但不能少于测试组数量。

生产企业应当在 PVE 测试计划中，对本企业的 OBD 系族定义规则、OBD 系族数量、每个 OBD 系族中所包含的测试组名称（如适用）、测试组数量以及每个测试组中包含的车辆型号进行解释和说明（如需要提供参考表格）。当 OBD 系族以及其中所包含的测试组发生变化时，应当在测试计划中及时进行情况更新说明。如果生产企业新增车型或者系族，而当年的计划已经提交，可以在下一年的 PVE 测试计划中进行考虑。

生产企业在制订年度 PVE 测试计划时，应依据以下原则选取 OBD 系族及测试车型。

## 6.2.1　JA71 测试和 JA73 测试车辆选取依据

生产企业制定的 J1 计划和 J3 计划应涵盖所在测试年度中所有新增 OBD 系族。即保证在新增的 OBD 系族信息公开后首年，每一个新增的 OBD 系族中均挑选 1 辆（或多辆）代表性车辆，按照标准规定的时间要求（J1 为 2 个月，J3 为 12 个月）完成量产车辆评估测试。车辆选取原则按照优先级划分。

当年度新增的 OBD 系族不足 3 个时，应当优先安排在每一个新增的 OBD 系族中均挑选 1 辆（或多辆）代表性车辆进行试验，并在测试过的 OBD 系族中选取未被测试的测试组中挑选 1 辆（或多辆）代表性车辆进行试验，直至满足至少 3 个车型完成测试。

如果企业当年量产系族 JA71 测试组和 JA73 测试组少于 3 个，则 J1 测试和 J3 测试可少于 3 个车型，但不应少于系统数量，J1 测试选择车辆总数应与 J2 测试选择的一致，J3 测试 IUPR 率统计车型数与 J2 测试一致。

### 6.2.2 JA72 测试车辆选取依据

企业应按照车辆优先级从当年量产系族中选择 1 辆（或多辆）具有代表性的车辆进行测试，从尽可能多的 OBD 系族中选取 3 个不同测试组的代表车辆进行测试。直至全部 OBD 系族中所有测试组的代表车辆均已被选取并按照标准规定的时间要求（J2 测试为 6 个月）完成量产车辆评估测试。

如果当年量产系族少于 3 个，则 J2 测试可以少于 3 个，但不能少于系族数量。

### 6.2.3 车辆选取优先级

第一优先级：测试年度新增 OBD 系族的；

第二优先级：之前年度的新增 OBD 系族，但尚未被测试的系族的；

第三优先级：已测试的 OBD 系族中尚未被测试的测试组；

第四优先级：已测试的 OBD 系族中已被测试的测试组中未被测试的车型；

第五优先级：已测试的车型。

对于无法适用以上车辆选取规定的情况，生产企业可向主管部门提出申请并提交自定义的 PVE 测试计划建议。PVE 测试车辆选择方法见表 6-1。

表 6-1 PVE 测试车辆选择方法

<table>
<tr><th></th><th></th><th>J1 数量（最低要求）</th><th>J2 数量（最低要求）</th><th>J3 数量（最低要求）</th></tr>
<tr><td rowspan="2">当年生产的所有 OBD 系族总计大于等于 3 个（含当年新增 OBD 系族）</td><td>当年新增 OBD 系族大于等于 3 个</td><td>当年所有新增的 OBD 系族中各选 1 辆</td><td>从所有新增的 OBD 系族中共计选择 3 辆（分别来自不同的 OBD 系族）</td><td>当年所有新增的 OBD 系族中各选 1 组</td></tr>
<tr><td>当年新增 OBD 系族小于 3 个</td><td>当年所有新增的 OBD 系族中各选 1 辆，再从之前已被测试的 OBD 系族中未被测试的测试组中继续选择，直至凑足（至少）3 辆</td><td>当年所有新增的 OBD 系族中各选 1 辆，再从之前已被测试的 OBD 系族中未被测试的测试组中继续选择，直至凑足 3 辆</td><td>当年所有新增的 OBD 系族中各选 1 组，再从之前已被测试的 OBD 系族中未被测试的测试组中继续选择，直至凑足（至少）3 组</td></tr>
</table>

续表

| | | J1 数量（最低要求） | J2 数量（最低要求） | J3 数量（最低要求） |
|---|---|---|---|---|
| 当年生产的所有 OBD 系族总计大于等于 3 个（含当年新增 OBD 系族） | 当年无新增系族 | 从尽可能多的已选 OBD 系族中选择未选测试组，凑足（至少）3 辆 | 从尽可能多的已选 OBD 系族中选择未选测试组，凑足 3 辆 | 从尽可能多的已选 OBD 系族中选择未选测试组，凑足（至少）3 组 |
| 当年生产的所有 OBD 系族总计少于 3 个（含当年新增 OBD 系族） | N/A | 所有 OBD 系族各选 1 台车 | 所有 OBD 系族各选 1 台车 | 所有 OBD 系族各选 1 组 |

注：对于所有 OBD 系族大于等于 3 个的原始设备创造商（OEM），每年都要进行（至少）3 台 J1，3 台 J2，（至少）3 组 J3。当所有车型均被选过之后，需选择已做过的车型重复 PVE 测试。

## 6.3　试验程序

### 6.3.1　标准化验证

（1）试验目的

确认车辆满足 GB 18352.6—2016 附录 J.6.3 和附录 J.6.4 有关 SAE J1978 扫描工具与排放相关信息之间的通信要求以及 SAE J1699-3（Vehicle Validation）的要求。

（2）试验总体要求

生产企业应在量产后 2 个月以内进行并在量产后 3 个月以内提交标准化验证报告；生产企业应当自行组织标准化验证并按时向监管部门提交报告和测试结果；应采用外部设备进行测试，所选的外部设备应能满足 SAE J1699-3 和 SAE J2534 中对测试软件和硬件配置的最低要求，并使用相关测试（SAE J1699-3）最新的软件进行。其他要求参照 GB 18352.6—2016 附件 JA.7.1 标准化验证试验的规定。

（3）试验内容

按 GB 18352.6—2016 附件 JA.7.1.4 中要求的内容进行验证测试，具体内容为 SAE J1699-3 中的“静态”测试部分。

（4）试验程序

将车辆诊断口通过外部设备与计算机相连，启动 SAE J1699 软件测试程序。

测试程序自动运行，测试者按提示要求进行操作，如提示打开和关闭点火开关、启动发动机、模拟故障或移除故障等。

测试结果将以 ASCII 码的形式写到 LOG 文件中，此文件应进行存档并提交。

（5）结果报告

在进行标准化验证的过程中，生产企业如果发现不符合标准化要求的问题时应在 1 个月内通知主管部门。生产企业应向主管部门提交一份关于所发现问题的书面报告，并提出正确解决该问题的办法（如果有）。主管部门在同意解决方案时应考虑以下因素：问题的严重性、I/M 项目测试的影响、对技术服务人员获得要求的诊断信息的影响、对设备和工具生产厂的影响以及实施该解决方案所需的时间。

如果车辆通过了标准化验证测试，车辆生产企业应在开始生产后的 3 个月内将结果报告和测试记录文件提交给主管部门。

对于在标准化验证评估测试中发现的问题，企业可以按 GB 18352.6—2016 附录 J.7.4 的规定申请缺陷。

### 6.3.2 监测要求验证

（1）试验目的

对量产车辆 OBD 系统进行全面评估。

（2）试验基本要求

生产企业在进行评估测试前应提交测试计划；监测要求验证测试应在产品车辆量产后的 6 个月内完成；生产企业应当自行组织监测要求验证并按时向监管部门提交报告和测试结果。

（3）试验要求

使用测试设备进行故障模拟，如存在无法实现故障模拟的诊断项，应在计划中提交说明。对造成车辆物理性损坏或危及人身安全的诊断项，以及只能修改电子控制单元来模拟故障的可不进行试验。

永久故障码的清除测试方式包括故障自然消除（故障不再出现，已修复）和故障信息主动清除（使用扫描工具、断电重置）两种形式。

已经在 GB 18352.6—2016 附件 JA.6.4 的要求下做过的验证试验不需要再进行测试。

验证试验由生产企业在道路或转毂试验台上完成，仅需进行功能性验证，不需要进行排放测试。

GB 18352.6—2016 附录 J.4 要求的每个诊断的监测要求验证结果应按要求记录（格式见 6.3.5 节表 6-5）。

（4）试验内容

对 GB 18352.6—2016 附录 J.4 要求的每个诊断进行 PVE 验证测试，具体内容如下。

故障检测：对 GB 18352.6—2016 附录 J.4 要求的每个诊断（除型式检验中已经进行测试的检查项外），应用缺陷部件或电子装置模拟故障，验证其检测到故障、点亮 MIL 灯并存储确认故障码，并在 PVE 表格中记录验证结果。

排放中性诊断、不点亮 MIL 灯的诊断暂不要求进行。

永久故障码的清除：在上述故障检测验证工作全部结束后，企业应在有 IUPR 率要求和无 IUPR 率要求的诊断项中各挑选一个有代表性的诊断进行消除测试。验证无故障条件下永久故障码的清除是否符合 GB 18352.6—2016 附录 J.3.2.5 的要求并记录，且记录相关测量文件。

无故障 IUPR 分子、分母增长验证：SAE J1699-3“动态”测试中 IUPR 测试部分，测试结果将以 ASCII 码的形式写到 LOG 文件中，此文件应进行存档并提交。

（5）试验程序

按以下步骤对各个监测项进行故障检测和确认的验证：

①初次故障检测循环

试验前进行充足的车辆准备以保证良好的车辆状态。

连接相关测量设备；采用符合 SAE J1978 的扫描工具，发送模式 04 重置各 DEC-ECU 的故障状态植入故障；钥匙处于“KEY ON”位置，开始记录测量文件；启动车辆，进行一次初次故障检测的循环；初次故障报出后，用扫描工具读取并记录故障内存信息；发动机熄火，保存测试文件。

对于需要在后处理阶段进行诊断的功能，需在后处理运行完成后才能报出故障，扫描工具读取和测量文件的保存应在后处理完成后进行。

②故障确认循环

钥匙处于“KEY ON”位置，开始记录测量文件；启动车辆，进行一次故障确认的验证循环；通过扫描工具读取并记录故障内存信息；发动机熄火，保存测试文件。

对于需要在后处理阶段进行诊断的功能，需在后处理运行完成后才能报出故障，扫描工具读取和测试文件的保存应在后处理完成后进行。

③清除永久故障码的验证

按上述步骤完成 PVE 表格中所有故障路径的验证测试后，移除所有外部故障，用通用诊断仪或客户定制的诊断仪清除量产车电子控制单元的故障内存，各挑选一个有 IUPR 率要求和无 IUPR 率要求的诊断，测试永久故障码能否正常消除。

a. 故障自然消除的测试。连接相关测量设备；安装测试设备；按试验程序操作（MIL 灯点亮，存储确认和永久故障码）；钥匙处于“KEY ON”位置，用扫描工具读取并记录故障内存中永久故障码信息；移除缺陷部件或电子模拟故障装置，恢复车辆原始状态；运行一个或多个无故障驾驶循环，直至 MIL 灯熄灭；用扫描工具读取并记录故障内存中永久故障码信息（检查永久故障码是否被清除）。

b. 故障信息被清除测试。连接相关测量设备；安装测试设备；按试验程序操作（MIL 灯点亮，存储确认和永久故障码）；钥匙处于“KEY ON”位置，用扫描工具读取并记录故障内存中的永久故障码信息；移除测试设备，恢复车辆原始状态；使用诊断仪、断电重置等方式来清除故障内存信息；按 GB 18352.6—2016 附录 J.3.2.5.2 规定的驾驶循环要求运行一个或多个无故障驾驶循环；用扫描工具读取并记录故障内存中永久故障码信息（检查永久故障码是否被清除）。

（6）结果报告

①评估标准

故障检测和确认的验证应满足的要求：满足法规要求的故障监测的及时性；没有其他无关故障进入；故障确认检测循环结束模式 03 中应显示确认故障码，MIL 灯点亮。

②验证报告

监测要求验证全部完成后，应向主管部门提交结果报告（附件）、SAE J1699-3“动态”测试中 IUPR 率测试部分的结果报告和 LOG 文件。测量文件（如有）和扫描工具记录的故障内存信息（包括永久故障码清除的验证）由生产企业存档备查。

对于测试中发现的问题，企业应及时向主管部门报告，并按要求及时修正，已销售出去的车辆应在规定的期限内修正。

### 6.3.3 在用监测性能验证

（1）试验目的

收集能代表该 OBD 系族车辆的在用监测性能数据并报送主管部门。

（2）试验要求

在用监测性能验证应在车辆量产后 12 个月内进行并完成报送。

生产企业在进行在用监测性能验证之前，应向主管部门提交一份关于取样方法、取样试验车辆的数量、收集数据时间安排及报告格式的计划，提供记录和统计车辆行驶情况的方法和范围。

同一 JA73 测试组至少收集 15 辆车（年销量小于 5 000 台的车型经批准可少于 15 辆）的数据。

车辆应满足以下要求：

①汽车应至少已经使用了 6 个月或行驶 15 000 km，且不超过 160 000 km。针对所测试的诊断项，车辆应有充分的行驶数据。对于按 GB 18352.6—2016 附录 J.3.3.2.2 的要求报告、追溯并应满足 IUPR 率要求的监测项，充分的车辆行驶数据指针对所测试的监测项，其中 GB 18352.6—2016 附录 J.3.4.3 定义的分母计数器数值应满足下述 3 个要求：

a. 对蒸发系统监测、二次空气系统监测、GPF 监测以及分母计数器按照 GB 18352.6—2016 附录 J.3.4.3.2（D）和（E）增加的监测（如冷启动减排策略、加热型催化器等），分母计数器数值大于等于 75；

b. 对柴油颗粒捕集器监测以及分母计数器按照 GB 18352.6—2016 附录 J.3.4.3.2（G）增加的 NMHC 转化催化器监测，分母计数器数值大于等于 25；

c. 对催化转化器、氧传感器、EGR 系统、VVT 系统以及其他所有零部件的监测，分母计数器数值大于等于 150。

②没有因篡改、安装附加或调整部件导致 OBD 系统不符合 GB 18352.6—2016 附录 J 的要求。

③应有维护记录，以证明汽车一直按照生产企业使用说明书的规定进行维护。

④汽车应无滥用迹象（如超速、超载、误加油或其他滥用）或存在其他可能影响排放性能的现象（如非法改动）。应考虑 OBD 系统存储在电控单元内的故障代码和里程信息。如果某辆车电控单元的存储信息显示，该车在存储故障代码后未及时修理，还在继续使用，则这辆车就不能用于本试验。如果厂商无法判断车辆是否存在滥用情况，则应允许厂商通过调取较大样本的方式开展 IUPR 率验证。

⑤发动机或汽车未进行过生产企业使用说明书之外的大修。

（3）试验内容和报告

按验证要求收集在用监测性能数据，记录并报告（格式见 6.3.5 节）。生产企业的报告中必须包括 GB 18352.6—2016 附件 JA.7.3.2 中的所有信息。

企业可自行定义报告的格式。

J3 测试年销量小于 5 000 台的车型可少于 15 辆，要求车辆使用 6 个月或不超过 16 万 km。

### 6.3.4 其他

SAE J1699 的测试软件可使用当前官网的最新软件版本测试，但也允许使用 2015 年 7 月版，并接受该报错。

2020 年 7 月 1 日前，允许使用 SAE J1979-2014 版本，如在模式 9 不能输出 GPF IUMPR，模式 1/ 模式 6 不能输出 GPF 相关内容，2020 年 7 月 1 日之后信息公开的车型必须使用 SAE J1979-2017 版本，确保能在模式 9 输出 GPF IUMPR，模式 1/ 模式 6 输出 GPF 相关内容。

### 6.3.5 计划和报告模板

计划和报告模板可从系统中下载最新版本，见表 6-2～表 6-6。

表 6-2　PVE-J1 计划

| 标准化验证测试计划 | | | | |
|---|---|---|---|---|
| OBD 系族名称 | 测试组 | 车型 | 计划量产日期 | 计划试验日期 |
| | | | | |
| | | | | |
| | | | | |

表 6-3　PVE-J1 报告

| |
|---|
| 测试生成的 LOG 文件<br>（按国六标准实施细则要求上传，注明测试年份，J1 计划和测试车的车架号） |

表 6-4　PVE-J2 计划

| 系族名称 | 测试组 | 车型 | 计划量产日期 | 计划试验日期 | |
|---|---|---|---|---|---|
| | | | | | |
| | | | | | |
| | | | | | |
| 故障码 | | 监控策略说明 | 故障模拟方法说明 | 永久故障码的清除方式 | 备注 |
| | | | | 自然消除<br>主动消除 | |

表 6-5　PVE-J2 报告

| 故障检测 | | | | | | | |
|---|---|---|---|---|---|---|---|
| 系族名称 | 测试组 | 车型 | 实际试验日期 | 车辆识别号码 | 软件版本 | SAE 版本 | 备注 |
| A | J1T1 | A2 | 2018 年 7 月 | ABC1111111111111 | | | |
| 故障码 | | 监控策略说明 | 故障模拟方法说明 | 验证循环结束后 mode 3 中的故障码 | 观察到的其他故障码 | MIL 灯亮 | |
| P0118 | | Signal-voltage of the coolant temperature sensor lies above the permissible maximum threshold 水温传感器电压超上限 | 电子模拟，通过短线盒信号线制造电源短路故障 | P0118 | 是 | 是 | |
| P0035 | | | | | | | |
| P0090 | | | | | | | |
| 永久故障码清除 | | | | | | | |
| 故障码 | | 挑选说明 | 消除方式 | 是否消除 | 备注 | | |
| Pxxx | | 有 IUPR 率要求的诊断 | 故障自然消除 | | | | |
| | | | 故障被清除（通过扫描工具、断电重置等方式） | | | | |
| Pxxx | | 无 IUPR 率要求的诊断 | 故障自然消除 | | | | |
| | | | 故障被清除（通过扫描工具、断电重置等方式） | | | | |
| 测试生成的 LOG 文件<br>（按要求上传，对应年份，J1 计划） | | | | | | | |

表 6-6　PVE-J3 计划

| OBD 系族名称 | 测试组 | 车型 | 取样方法 | 取样试验车辆的数量 | 计划试验日期 | 备注 |
|---|---|---|---|---|---|---|
| A | J3T1 | A1 | | | 2018 年 11 月 | |
| A | J3T2 | A3 | | | 2018 年 11 月 | |
| B | J3T3 | B1 | | | 2018 年 11 月 | |
| | | | | | | |

# 第 7 章　CAL ID/CVN 管理

车辆量产后，需要按照《轻型汽车污染物排放限值及测量方法（中国第六阶段）》（GB 18352.6—2016）的要求对排放或 OBD 系统产生影响的所有关键诊断或排放电子动力控制单元的车辆软件标定识别码（CAL ID）和软件标定验证码（CVN）进行计算汇总并定期在环保信息公开系统中进行上报。首次提交信息时应包括型式检验期间车辆 CAL ID 和 CVN 数据。

车辆生产企业生成 CAL ID 和 CVN 报告的计算方法应符合法规标准要求，并向监管部门说明采用的算法。

车辆生产企业应该按照规定将车辆 CAL ID 和 CVN 报告上传到环保信息公开系统，监管部门可在车辆年检等核查环节对数据库中的 CAL ID 和 CVN 同车辆上读取的 CAL ID 和 CVN 进行比对。

## 7.1　术语定义

### 7.1.1　引导程序

当启动控制器某个软件时，引导程序会运行初始加载程序。因为引导程序会对控制器软件的运行产生较大的影响，所以引导程序应当是受控软件的一部分，对影响排放和 OBD 系统的引导程序，需要参与 CVN 的计算。

### 7.1.2　标定数据

大多数控制单元的控制特征体现于标定数据中，但这一软件部分会因制造商不同而不同，并且大多数情况下与 OBD 相关。因此，标定数据也需要参与 CVN 的计算。

### 7.1.3 编码数据

当制造商能够在车辆上使用车辆软件激活的硬件装置，并且此硬件装置可以通过编码数据进行激活时，如果对该硬件的编码或者激活会对 OBD 结果产生影响，则编码数据也应该参与 CVN 的计算。

### 7.1.4 OBD 相关性

关键诊断或排放电子控制单元，如发动机控制单元（ECM）、变速箱置控制单元（TCM）、车身稳定控制模块（BSCM）及满足 GB 18352.6—2016 附录 J.2.24 中规定条件的任何车载动力系控制单元。

### 7.1.5 程序数据

程序数据中包含控制单元软件的结构，如果这个结构发生改变，CVN 也会改变。程序数据也是控制软件中与 CVN 相关的一部分。

## 7.2 总体要求

车辆生产企业应该按照生态环境监管部门的规定，将最新的 CAL ID 和 CVN 报告及时上传到环保信息公开数据库中，环保信息公开系统支持随时上传 CAL ID 和 CVN 报告，生态环境监管部门可在车辆年检等核查环节对数据库中的 CAL ID 和 CVN 同车辆上读取的 CAL ID 和 CVN 进行比对。

### 7.2.1 用于生成 CAL ID/CVN 报告的软件程序的选择

为了防止车辆控制系统中与排放和 OBD 相关的控制特征被篡改，车辆各控制单元内影响排放和 OBD 系统的软件部分都应该参与到 CVN 的计算中。根据各个生产企业控制系统软件与硬件结构的差异，汽车生产企业可以自行决定参与 CVN 值计算的软件部分以及在 CAL ID 和 CVN 报告中所包含的控制单元种类，生成 CAL ID 和 CVN 报告所涉及的软件部分与控制单元包括但不限于轻型国六[①] 所规定的内容。当生态环境主管部门提出要求时，生产企业需要向生态环境主管部门解释

① 《轻型汽车污染物排放限值及测量方法（中国第六阶段）》（GB 18352.6—2016），以下简称轻型国六。

所选择的软件部分与控制单元如何代表该车型中与排放、OBD 功能相关的所有控制特征。

（1）参与 CVN 计算的软件部分

在整车控制软件系统中，对排放与 OBD 结果产生影响的软件部分都应该参与到 CVN 的计算中。在整车控制软件中，引导程序（如适用）、程序数据、标定程序和编码程序（如适用）等都应该创建各自的参考 CVN 值，并且这些参考 CVN 值应参与到整车完整 CAL ID 和 CVN 的计算中。

表 7-1 展示了上述 4 种软件部分各自生成参考 CVN 值，并完成一次完整 CVN 计算的示例。不影响排放或 OBD 系统的引导程序可不参与 CVN 计算。

表 7-1　CVN 计算生成示例

| 软件程序 | CVN 位数 | 参考 CVN | CRC32 计算的输入 | 完整的 CVN 值 |
|---|---|---|---|---|
| 引导程序 | 1 | BC88D783 | 123（4） | 60341DC3 |
| 程序数据 | 2 | 212EBFC4 | | |
| 标定数据 | 3 | C595E66E | | |
| （可编码程序） | （4） | （37DCDF55） | | |

（2）生成 CAL ID/CVN 的控制单元

依照对 GB 18352.6—2016 中关于 OBD 系统的相关规定，所有与排放相关的关键控制单元都应该生成一个或一个以上代表该控制单元的参考 CVN。依照 OBD 通信协议的相关规定，可以将通用扫描工具与控制单元进行通信的模式，将需要参与 CAL ID 和 CVN 计算的控制单元分为总控制单元、主控制单元和其他关键诊断或排放电子动力控制单元，也可以企业自行划分控制单元分类。

基于通信结构，总控制单元可以与通用扫描工具直接进行通信。大多数情况下，总控制单元是指整车上的发动机控制单元。主控制单元是指可以通过总控制单元的寻址访问，也可以间接地与扫描工具进行通信的除总控制单元以外的控制单元。

通用扫描工具发送请求之后，可以直接访问总控制单元和主控制单元内的 CAL ID 和 CVN 数据。图 7-1 和图 7-2 列举了典型的汽油车和柴油车的控制单元逻辑结构。

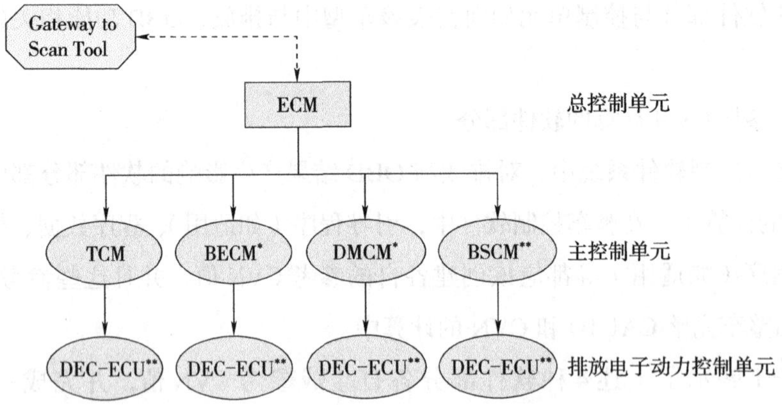


图 7-1　典型汽油车控制单元逻辑结构

注：* 如果需要（只针对 PHEV），** 如果支持。

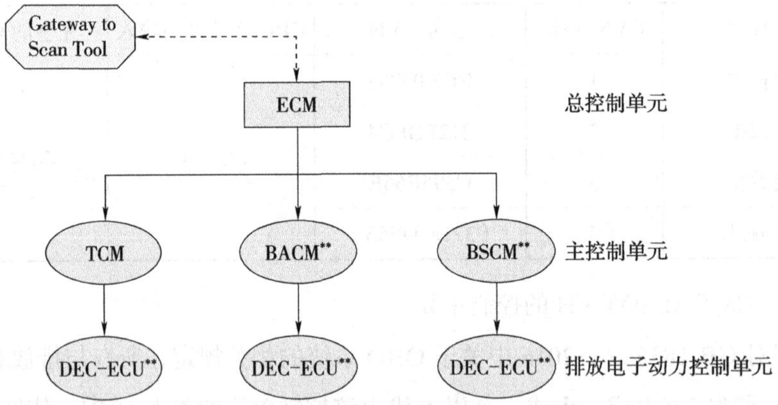


图 7-2　典型柴油车控制单元逻辑结构

注：** 如果支持。

## 7.2.2　CAL ID 和 CVN 报告内容

CAL ID 和 CVN 的信息应该根据不同的车型型号和每款车型中的不同控制单元进行管理和报告。为满足在车辆年检等核查环节对 CAL ID 和 CVN 进行比对的要求，CAL ID 和 CVN 报告中的车型型号信息应该与环保信息公开系统中的车型型号相统一。

依据 SAE J1979 的要求，使用通用扫描工具读取 CVN 信息时，每个控制单元允许输出一个或多个 CVN。每个关键诊断或 DEC-ECU 的 CAL ID 和 CVN 都应该在报告中提交。为了规范定义与区分报告中可能出现的不同控制单元，各生产企业应该采用 SAE J1979 中定义的 Module ID 的规范对不同的控制单元进行命名。

CAL ID 和 CVN 的报告中除必须包含制造商名称、车型型号、Module ID、CAL ID 以及 CVN 这些必要信息之外，汽车生产企业也可以在报告中添加其他补充说明信息。报告中补充说明信息的内容包括但不限于发动机排量、该车型变速箱种类等。以 2018 年第一季度为例，汽车生产制造需要提交的 CAL ID 和 CVN 报告的模板样式如图 7-3 所示。

| | | | | | | | |
|---|---|---|---|---|---|---|---|
| 生产企业名称： | | | | | | | |
| OBD Ⅱ CAL ID和CVN数据 | | | | | | | |
| ×季度/201× | | | | | | | |
| | | | | | | | |
| 信息公开编号 | Manufacturer 制造商 | Model 车型 | EngineSize 发动机排量 | Transmission 变速箱种类 | Module ID* 模块ID | CAL ID | CVN |
| | ××× | ××× | 2.0 | A/T | 0x7E8 | 8C5A8504 | 8C5A8504 |
| | | | | | | | |
| | | | | | | | |
| | | | | | | | |
| | | | | | | | |
| | | | | | | | |

图 7-3 CAL ID 和 CVN 报告的模板样式

当生产企业对控制软件进行更新时，新软件应该创建一个全新的 CAL ID 和 CVN 值。对于不影响排放和 OBD 系统的更新，企业应提交自我声明。对于影响排放和 OBD 系统的应提交相关材料（可在企业自己实验室进行也可委托第三方进行），证明更新后的排放和 OBD 系统仍符合 GB 18352.6—2016 的要求。随着软件不断更新，某车型的每个控制单元（Module ID）所生成的 CAL ID 和 CVN 值也应该会不断增加。企业应及时提交车型更新的 CAL ID 和 CVN 数据。环保信息公开系统会记录并保留所有的 CAL ID 和 CVN 记录。

生产企业在每一次提交报告时可以只提交在上一次报告提交之后这段时间内最新投产车型的 CAL ID 和 CVN 数据以及已有车型所有更新的 CAL ID 和 CVN 数据。生态环境主管部门可以在环保信息公开系统原有的 CAL ID 和 CVN 信息中增加所有更新的 CAL ID 和 CVN 数据。

## 7.2.3 CAL ID 和 CVN 管理中的其他要求

（1）对 CAL ID 和 CVN 数据的核查和管理

用户车辆上与排放相关的控制单元可以使用通用扫描工具自由访问，监管部门、用户和其他第三方机构都能够方便地读取各控制单元生成的 CAL ID 和 CVN 数据。在车辆年检等核查环节，监管部门如果可以确认某车辆通过通用诊断工具读取的 CAL ID 和 CVN 数据与生产企业已经在环保信息公开系统中报告备案的 CAL ID 和 CVN 数据相匹配，则可确认该车的控制软件是否由生产企业发布。

消费者所购买的新车辆在注册登记 6 年后必须进行上线年检。如果监管部门在年检过程中发现某控制单元生成的 CVN 数据并没有在环保信息公开系统相应的车型信息中报告备案，或与报告备案的 CAL ID 对应 CVN 不符，则可以针对被检查车辆的控制系统是否已经被篡改进行调查。为通过年检，车辆用户应该提供相应的数据用以证明目前车辆的控制系统是可以被认可的（如将控制单元以及控制软件更新为制造商发布的官方版本，或者车厂提供证明——控制软件 CAL ID 和 CVN 在报备过程中）。

（2）CAL ID 和 CVN 报告提交的时间要求

为了使监管部门可以及时获得最新的数据，环保信息公开系统支持随时上传 CAL ID 和 CVN 报告，生产企业应将最新的 CAL ID 和 CVN 报告及时上传到环保信息公开系统。

汽车生产企业针对某款车型提交 CAL ID 和 CVN 报告的过程应该从该款车型首次量产开始。首次提交时应包括型式检验期间车辆 CAL ID 和 CVN 数据。某车型量产后，对该车型 CAL ID 和 CVN 数据进行定期的更新也是提交 CAL ID 和 CVN 数据报告流程的一部分。对车辆控制软件中任意一个 CAL ID 或 CVN 数据有所更新，都应该创建一个新的完整的 CAL ID 和 CVN 值。对于上述新生成的完整的 CAL ID 和 CVN 值的更新也应该是 CAL ID 和 CVN 报告的一部分。

CAL ID 和 CVN 报告应该包括所有与排放相关电控单元（ECM、TCM 等）中创建或更新的 CAL ID 和 CVN 数据。下面列举 3 种需要提交或者更新 CAL ID 和 CVN 报告的情形：

①第一次提交报告的情形：在生产企业首次提交的 CAL ID 和 CVN 报告中，应该包括该企业型式检验车辆和所有已信息公开国六车型的全部 CAL ID 和 CVN 数据。

②第一种报告更新情形：已信息公开的车型如果需要对软件中与排放和 OBD 相关的功能进行更新，则将创建一组完整的 CAL ID 和 CVN 值。生产企业应该及时提交包含新创建的 CAL ID 和 CVN 数据的报告。

③第二种报告更新情形：在首次提交报告之后，生产企业中如果有新的国六车型信息公开并投产，则生产企业应该创建新的 CAL ID 和 CVN 数据报告，并在投产后及时提交。其他车型如果没有对与排放或 OBD 相关的功能进行更新，则此报告中其 CAL ID 和 CVN 值不需要被改变。

## 7.3 CVN 计算方法

根据 GB 18352.6—2016 的有关说明，可按照 SAE J1979 中规定的 CAL ID/CVN 计算的计算方法，即 CRC32 计算法（循环冗余校验），车辆生产企业可采用 CRC16 以上的算法生成正式的 CAL ID 和 CVN 报告。车辆生产企业也可以向生态环境主管部门申请允许其采用其他算法计算 CVN。

CRC（Cyclic Redundancy Check）即循环冗余校验，是数据通信领域中最常用的一种差错校验码，其特征是信息字段和校验字段的长度可以任意选定。

循环冗余校验的概念可以追溯到 1961 年，由 Wesley Peterson 首次提出，随着计算机和网络技术的发展而得到广泛应用。它的设计初衷是提供一种高效的方式来检测数据中的小错误，如单个位翻转或连续位错误。

CRC 校验实用程序库：在数据存储和数据通信领域，为了保证数据的正确性，不得不采用检错的手段。

（1）工作原理

CRC32 将数据视为一个大的二进制数，这个数除以另一个预定义的“生成多项式”，然后返回余数作为 CRC 值。这个过程类似于长除法，但在二进制世界中进行，使用的是异或操作而不是减法。

CRC32 的计算过程涉及几个关键步骤：初始化、计算和最终结果的产出。这个过程确保了即使是数据中非常小的变化，也会在 CRC32 值中呈现显著的不同，从而检测到错误。

CRC32 的核心是一个称为生成多项式的数学表达式。这个多项式在 CRC32 的上下文中通常表示为一个 32 位的二进制数，代表了一个多项式的系数。

将待校验的数据视为多项式，并使用一个预定的生成多项式进行计算。这个生成多项式是一个二进制数，其系数决定了 CRC 算法的具体实现方式。CRC32 的生成多项式通常表示为 0x104C11DB7，转换为二进制后是一个 32 位的数，其系数决定了 CRC32 算法的具体运算过程。

在计算 CRC 校验码之前，需要对数据进行一些预处理。包括对每个字节进行位逆序操作，以及在数据末尾添加特定的字节。这些步骤是为了确保 CRC 算法的正确性和兼容性。预处理后的数据多项式会被除以生成多项式，得到的余数就是 CRC 校验码。这个余数通常是一个 32 位的二进制数。

CRC 校验码在发送前通常还需要进行一些后处理，如再次位逆序和异或操作，以确保在不同的应用中能够正确识别和验证数据。

在接收端，使用相同的算法和生成多项式对接收到的数据进行 CRC 计算，得到一个新的 CRC 校验码。然后将这个新的校验码与发送端附带的 CRC 校验码进行比较。如果两个校验码相同，则认为数据在传输过程中没有被篡改。

（2）应用领域

CRC32 是文件校验的一种常见方法，特别是在软件分发中。开发者会为软件包生成 CRC32 值，并与软件一同发布。用户可以在下载后计算文件的 CRC32 值，与提供的值进行比较，以验证文件是否在传输过程中被篡改或损坏。

在网络通信协议中，如 TCPIP，CRC32 用于保证数据包的完整性。每个数据包都附带一个 CRC32 校验码，接收方可以通过对接收到的数据计算 CRC32 值，并与数据包中的校验码进行比较，来验证数据的完整性。

在数据存储和数据库管理系统中，CRC32 用于确保数据块的完整性。通过对每个数据块计算 CRC32 校验码，并在读取数据时重新计算和比较，存储系统可以检测到存储过程中可能发生的数据损坏。

（3）性能特点

根据《轻型车国六标准实施细则》的有关说明，车辆生产企业也可以向生态环境主管部门申请允许其采用其他算法计算 CVN。目前比较常用的校验方法还包括 MD5 和 SHA-1。

与 MD5、SHA-1 相比，CRC32 主要用于错误检测，而 MD5 和 SHA-1 是哈希函数，更多用于确保数据的完整性和唯一性。哈希函数为数据提供了一种几乎唯一的表示，适用于加密和安全应用。相比之下，CRC32 的计算更快，但不适用于所有安全应用，因为它较容易受到碰撞攻击的影响。

CRC32 的主要优势在于其简单和计算速度快，特别适用于实时系统和嵌入式设备。然而，其主要局限性在于相对较低的安全性，以及对大量数据或安全敏感应用的限制。

在软件中实现 CRC32 可以通过直接计算或使用查找表来加速过程。查找表法是一种优化技术，通过预计算并存储 256 个可能的 CRC 值，来避免每次计算时的多项式除法，从而大大提高计算速度。

在硬件级别，CRC32 可以通过专用的逻辑电路实现，以实现更高的计算速度和效率。许多现代微处理器和通信设备都内置了 CRC32 的硬件支持，以优化数据传输和存储操作的性能。

尽管 CRC32 在错误检测方面表现良好，但它并不适合用作加密或安全敏感应用的唯一校验机制。其局限性包括较低的碰撞抗性和易受特定攻击的影响，如故意构造的数据可以产生相同的 CRC32 值。

## 7.4 填报要求及流程

### 7.4.1 一般要求

机动车生产、进口企业应将所有对应环保信息公开编号的最新的 CAL ID 和 CVN 及时备案到环保信息公开系统中，生态环境主管部门可在车辆年检等核查环节对数据库中的 CAL ID 和 CVN 与车辆现场读取的 CAL ID 和 CVN 进行比对。

汽车生产企业针对某款车型提交 CAL ID 和 CVN 报告的过程应该从该款车型首次量产开始。首次提交时应包括型式检验期间车辆 CAL ID 和 CVN 数据。某车型量产后，对该车型 CAL ID 和 CVN 数据进行定期的更新也是提交 CAL ID 和 CVN 数据报告流程的一部分。对车辆控制软件中任意一个 CAL ID 或 CVN 数据有所更新，都应该创建一个新的完整的 CAL ID 和 CVN 值。当对控制软件进行更新并备案新 CAL ID 和 CVN 值时，对于不影响排放和 OBD 系统的更新，企业应提交自我声明。对于影响排放和 OBD 系统的应提交相关材料（可在企业自己实验室进行也可委托第三方进行），证明更新后的排放和 OBD 系统仍符合 GB 18352.6—2016 的要求。

### 7.4.2 系统操作

机动车生产、进口企业可以登录“机动车和非道路移动机械环保信息公开系统”，通过“CAL ID&CVN”模块进入并选择“国六轻型车”以开始相关内容的填报工作。操作页面如图 7-4 所示。

图 7-4　登录与模块入口页面

从“国六轻型车”进入后即可看到按季度划分的填报页面。可根据当前时间节点选择对应的时间进入，可选择的操作有“查看已填报明细”、“上传明细”和“删除已上传明细”。操作页面如图 7-5 所示。

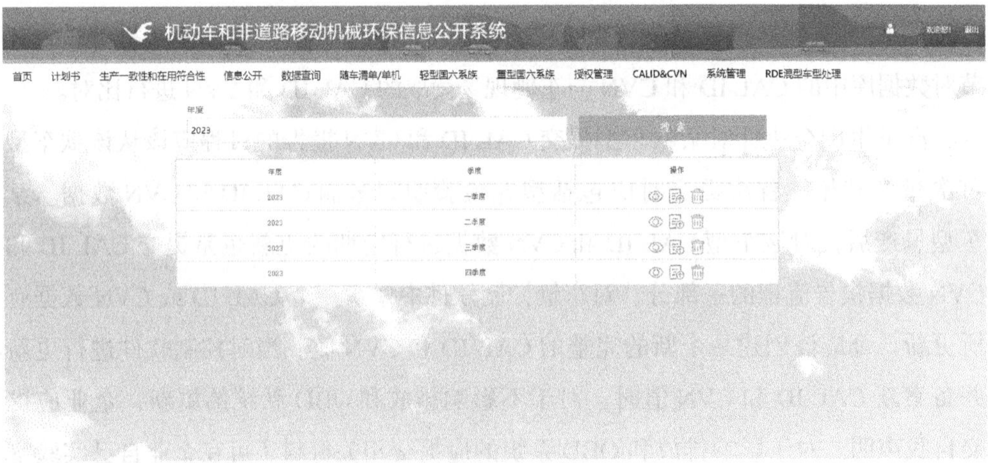


图 7-5　创建 CVN 明细页面

点击“查看已填报明细”可以查看对应年份备案的 CAL ID 和 CVN 信息，其中数据模板可以通过页面下载。应确保页面显示的内容与企业填报内容一致，不应存在缺项漏项的情况。同时，机动车生产、进口企业也可使用此页面来确保所有已经投入量产的信息公开编号均已经完成了 CAL ID 和 CVN 的备案。操作页面如图 7-6 所示。

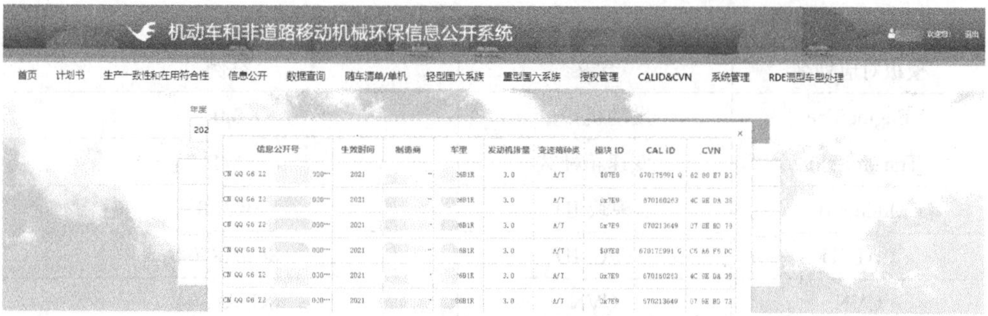


图 7-6　查看已填报明细操作页面

点击“上传明细”根据页面提示完成备案工作。应使用页面提供的模板进行填报，点击“上传 ×× 年度 × 季度 CAL ID&CVN 汇总表”可以下载模板压缩包，其中包含“CAL ID&CVN 上报说明”、“CAL ID&CVN 模板”和“CAL ID&CVN 上报测试样例”。上传与模板下载功能页面如图 7-7 所示。

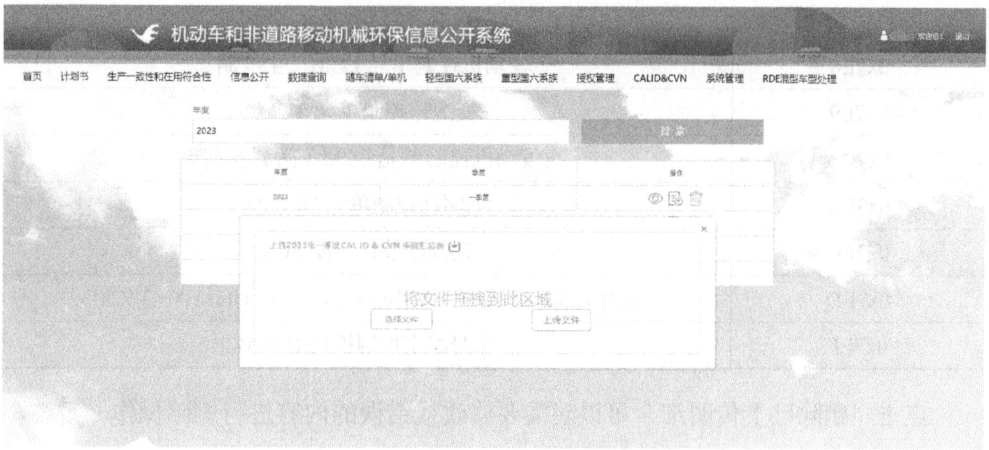


图 7-7　上传与模板下载功能页面

在进行 CVN 数据备案并填写内容时，可参考表 7-2 内容，数据项及对应含义释义如表 7-2 所示。

表 7-2　数据项对应含义释义

| 模板对应列名 | 含义 | 举例 |
|---|---|---|
| Xxgkh | 车型信息公开号 | CN QQ G6 Z2 0×××000001 000001 |
| AvailableSince | 生效于 ×× 时间 | 2018 |
| Manufacturer | 制造商 | ××× 公司 |
| Model | 车型 | ACB1 |

续表

| 模板对应列名 | 含义 | 举例 |
|---|---|---|
| EngineSize | 发动机排量 | 2.0 |
| Transmission | 变速箱种类 | A/T |
| Module ID | 模块 ID | 0x7E8 |
| CAL ID | CAL ID | 8C5A8504 |
| CVN | CVN | 8C5A8504 |

根据《轻型车国六标准实施细则》中的有关内容，机动车生产、进口企业应将所有与排放相关的控制单元纳入 CVN 的运算范围。参考 SAE 的定义来确定模块 ID，在车辆上可以通过通用诊断工具读取控制单元模块 ID 及对应的 CAL ID 和 CVN。不同控制单元对应模块 ID 如表 7-3 所示。

表 7-3　控制单元对应模块 ID

| 模块 ID | 控制单元 |
|---|---|
| 0x7E8 | 发动机控制单元 ECM（主控制） |
| 0x7E9 | 变速箱控制单元 TCM |
| 0x7EA | 发动机控制单元 ECM（附属控制） |
| 0x7EB | 电驱动控制单元 DMCM |
| 0x7EC | 选择性催化还原 SCR |
| 0x7ED | 高压电池控制单元 HV-Battery Control Unit HV-BECM |
| 0x7EF | 车身稳定控制模块 BSCM |

点击“删除已上传明细”可以对需要修改或错误的内容进行删除操作，系统会有一次弹窗提示，点击“确认”后即删除，应注意，此操作不能回退（图 7-8）。

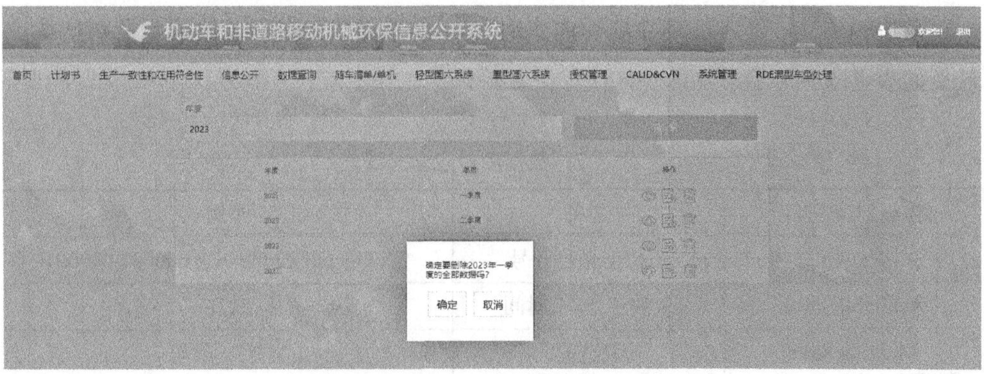


图 7-8　删除已上传明细功能页面

# 第 8 章　环保信息公开系统

## 8.1　账户注册

企业进行环保信息公开前，首先需要在环保信息公开系统进行“注册”，并完成“企业管理”相关内容的填写。

企业进入机动车环保网（http://www.vecc.org.cn/），点击“企业环保信息公开系统”，见图 8-1。

图 8-1　企业环保信息公开系统入口

进入登录界面，点击“注册流程”进入注册详细界面，见图 8-2。

图 8-2　环保信息公开系统注册页面

企业需提供表 8-1 中全部材料，其中序号 1～3 需在注册详细界面中点击下载。

表 8-1　注册账户提交资料清单

| 序号 | 材料名称 | 要求 | 备注 |
|---|---|---|---|
| 1 | 企业环保达标负责人登记表、法人授权书、达标负责人身份证复印件 | 全部材料电子扫描件、企业环保达标负责人登记表（Word 版）、环保信息公开系统用户注册登记表（Word 版）发送至指定邮箱 | 1. 邮件注明企业名称及联系方式；<br>2. 纸质版加盖公章 |
| 2 | 环保信息公开企业责任承诺书 | | |
| 3 | 环保信息公开系统用户注册登记表 | | |
| 4 | 企业营业执照复印件、组织机构代码证（如有）复印件（已办理三证合一或五证合一的，只需提供新营业执照复印件） | | |
| 5 | 进口企业需提供进口资质证明和国外制造商有效注册证明资料 | | |

注：①待全部纸质材料收齐后，5 个工作日内完成核验；

②核验通过后以电子邮件方式将用户名和密码发送至“环保信息公开系统用户注册登记表”中填写的电子邮箱。

企业按页面提示递交材料。机动车排污监控中心收到全部纸质材料后，5 个工作日内完成信息核验；材料不符合要求的将以邮件方式通知企业补充材料，材料符合要求的开通账户并以电子邮件方式将企业编号、Admin 账户密码及账户详细信息发送至企业邮箱。注册页面见图 8-3。在收到 Admin 账户后即可返回登录页面进入系统。

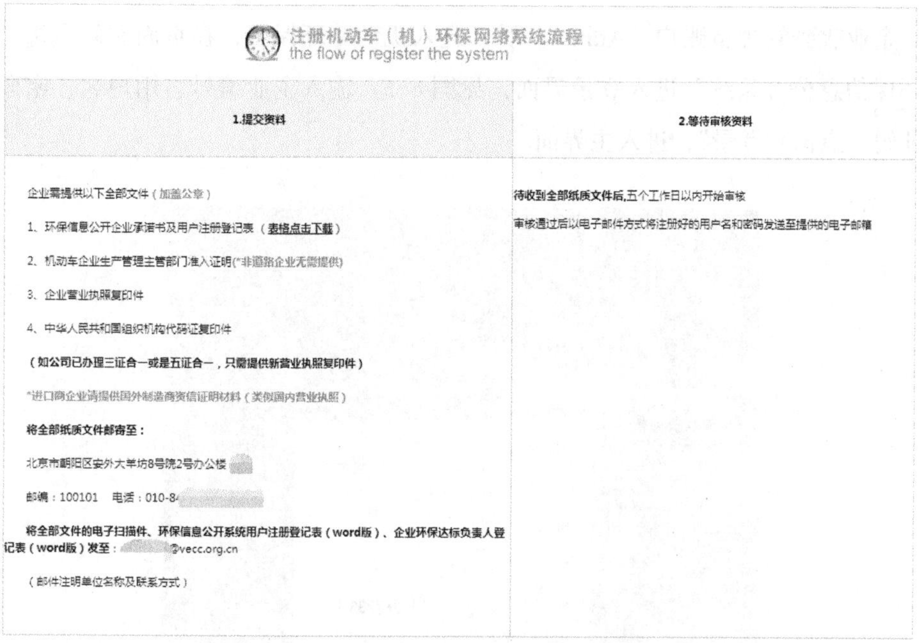


图 8-3　环保信息公开系统注册页面

系统页面与非道路移动机械及非道路移动机械用发动机环保信息公开相关的模块有计划书、季报年报、信息公开、数据查询、随车清单 / 单机、授权管理、非道路国四系族和系统管理等，见图 8-4。

图 8-4　主页和功能模块

## 8.2 账户管理

### 8.2.1 用户管理

企业收到管理员账户“Admin”后，进入机动车环保网，在页面右侧点击“企业环保信息公开系统”进入登录界面，见图 8-5。输入企业编号、用户名、密码和验证码，点击“登录”，进入主界面。

图 8-5　登录页面

初次登录的账户需修改初始密码。登录 Admin 账户，页面菜单显示首页和系统管理两个模块，见图 8-6。系统管理模块包括用户管理、检测机构授权、企业资料、个人信息、密码修改、网址维护、下线检验账号、退出等。

只有 Admin 账户拥有用户管理功能。在主界面下，选择“系统管理”→“用户管理”，进入用户管理界面，见图 8-7。用户管理功能主要用于新增或修改账户，以及修改不同账户权限。

图 8-6　系统首页及系统管理

图 8-7　用户管理页面

（1）新增

点击“新增”，填写相应信息并点击“提交”，可创建新账户，账户密码将自动发送至填写的电子邮箱内。企业需要通过权限分配功能对账户进行权限分配。新增账户页面见图 8-8。

图 8-8　新增账户页面

（2）修改

在列表操作栏中点击修改按钮“✎”，修改已创建账户的信息。修改账户页面见图 8-9。

图 8-9　修改账户页面

（3）权限分配

企业可分配的权限包括计划书、季报年报、信息公开、数据查询、随车清单 / 单机、授权管理、报告管理、其他操作（创建、发送、审核、公开信息公开表，创建年度报告）、非道路国四系族、系统管理等，具体权限见表 8-2。

表 8-2 权限分配清单[①]

<table>
<tr><th colspan="2">一级菜单</th><th>二级菜单</th><th>备注</th></tr>
<tr><td rowspan="8">计划书</td><td>商标</td><td>—</td><td>—</td></tr>
<tr><td rowspan="7">计划书管理</td><td>创建附录 A</td><td rowspan="7">附录 A 与计划书的创建、备案、审核三项权限互相排斥，需分配到不同账户</td></tr>
<tr><td>创建计划书</td></tr>
<tr><td>提交计划书</td></tr>
<tr><td>备案计划书</td></tr>
<tr><td>备案附录 A</td></tr>
<tr><td>审核计划书</td></tr>
<tr><td>审核附录 A</td></tr>
<tr><td rowspan="2">计划书</td><td>耐久过程试验数据</td><td>—</td><td>此权限与非道路环保信息公开无关</td></tr>
<tr><td>工作计划</td><td>—</td><td>—</td></tr>
<tr><td colspan="2" rowspan="4">季报年报</td><td>季报年报管理</td><td>—</td></tr>
<tr><td>量产评估报告</td><td rowspan="3">此权限与非道路环保信息公开无关</td></tr>
<tr><td>轻型国六生产符合性</td></tr>
<tr><td>重型国六生产符合性</td></tr>
<tr><td colspan="2">信息公开</td><td>—</td><td>—</td></tr>
<tr><td colspan="2" rowspan="5">数据查询</td><td>检验报告</td><td rowspan="5">—</td></tr>
<tr><td>计划书</td></tr>
<tr><td>附录</td></tr>
<tr><td>信息公开表</td></tr>
<tr><td>环保信息</td></tr>
<tr><td colspan="2" rowspan="5">随车清单 / 单机</td><td>报送 VIN/ 单机信息</td><td>—</td></tr>
<tr><td>查询报送记录</td><td>—</td></tr>
<tr><td>查看报送密码</td><td>—</td></tr>
<tr><td>底盘 VIN 上传</td><td rowspan="2">此权限与非道路环保信息公开无关</td></tr>
<tr><td>补充信息查询</td></tr>
<tr><td colspan="2">授权管理</td><td>授权管理</td><td>—</td></tr>
<tr><td colspan="2">报告管理</td><td>—</td><td>—</td></tr>
<tr><td colspan="2" rowspan="5">其他操作</td><td>发送信息公开表</td><td rowspan="5">信息公开表的创建、审核、公开三项功能互相排斥，需分配到不同账户中</td></tr>
<tr><td>创建信息公开表</td></tr>
<tr><td>审核信息公开表</td></tr>
<tr><td>公开信息公开表</td></tr>
<tr><td>创建年度报告</td></tr>
</table>

① 权限分配清单中仅列出与非道路环保信息公开相关的一级菜单。

续表

| 一级菜单 | 二级菜单 | 备注 |
|---|---|---|
| 非道路国四系族 | 排放系族 | — |
| | 耐久分组 | |
| | PCD 系族 | |
| | NCD 系族 | |
| | NCD+PCD 系族 | |
| 系统管理 | 检测机构授权 | — |
| | 企业资料 | |
| 系统管理 | 个人信息 | — |
| | 密码修改 | |
| | 网址维护 | |
| | 重型车远程监控平台 | |
| | 非道路远程监控平台 | |
| | 退出 | |

勾选权限后可以进行相应模块的操作。附录 A、计划书和信息公开表三项重点填报流程均包含创建（发送）、审核、备案（公开）等操作，这些操作互相排斥，需分配到不同账户中。权限分配页面见图 8-10。

图 8-10　权限分配页面

拥有计划书、附录 A 和信息公开表创建及提交（发送）权限的账户称为“填报账户”，拥有审核权限的账户称为“审核账户”，拥有备案或公开权限的账户称为“备案账户”。

### 8.2.2　检验机构授权

检验机构授权功能主要是企业选择检验机构进行授权，授权后的检验机构可以下载附录等信息。选择“系统管理”→“检测机构授权”菜单进入授权页面，见图 8-11。在对应检验机构的操作栏点击图标可以进行授权或取消授权操作，显示为“”的检验机构未获得授权，点击“”可为其授权，显示为“”的检验机构已获得授权，点击“”可取消授权。

图 8-11　检验机构授权页面

### 8.2.3　企业资料

选择“系统管理”→“用户管理”菜单进入企业资料页面，见图 8-12。可以查看或修改企业信息，修改后点击“提交”保存修改信息。企业名称、地址、法定代表人、企业代码和电子邮箱等信息不可修改。

图 8-12　企业资料页面

### 8.2.4 个人信息

选择“系统管理”→“个人信息”菜单进入详细页面，可查看当前账户已有权限和相关信息，可对部分个人信息进行修改，修改后点击“提交”保存修改信息。用户名和电子邮件不可修改。个人信息页面见图 8-13。

图 8-13 个人信息页面

### 8.2.5 密码修改

选择“系统管理”→“密码修改”菜单进入修改页面。用户可对系统的登录密码进行修改，修改完成后点击“提交”。修改密码页面见图 8-14。

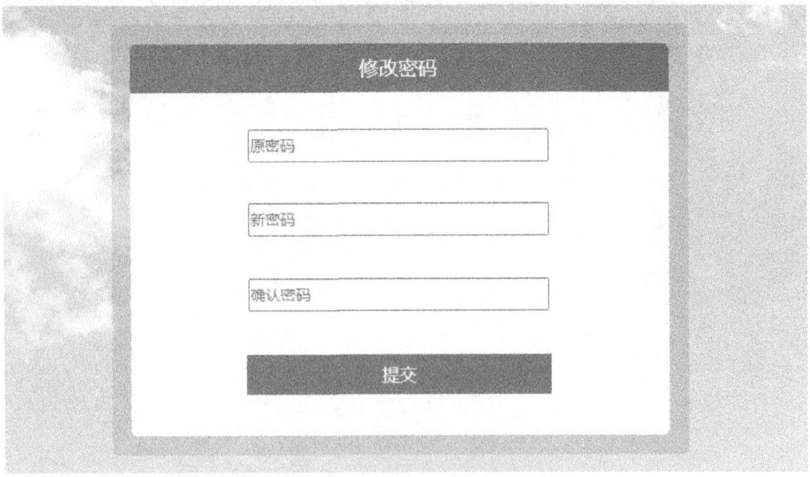


图 8-14 修改密码页面

### 8.2.6 网址维护

点击“系统管理”→“网址维护”，可以新增、修改和删除企业网址。网址维护页面见图 8-15。

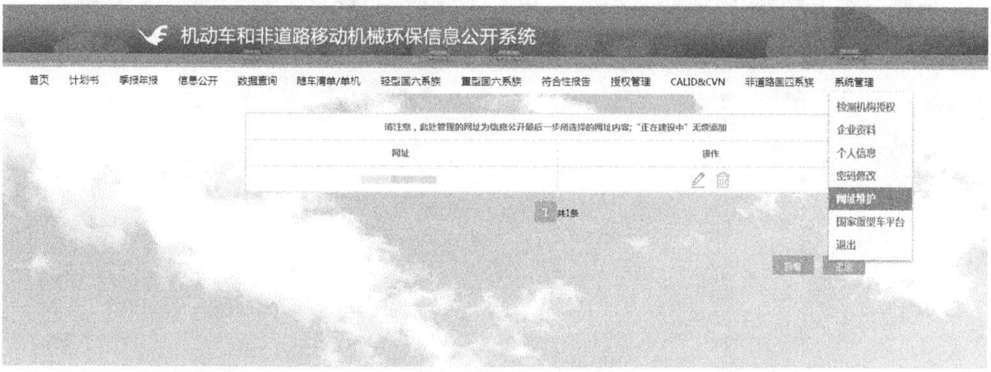


图 8-15 网址维护页面

## 8.3 系族管理

按照《轻型汽车污染物排放限值及测量方法（中国第六阶段）》（GB 18352.6—2016）中的有关要求，机动车生产、进口企业需要根据“型式检验扩展”的要求对信息公开账户内的产品进行系族划分，需要划分的系族包括“排放系族”、“蒸发系族”和“OBD 系族”。此外，为了完成在用符合性的要求还需要划分“在用符合性系族”。

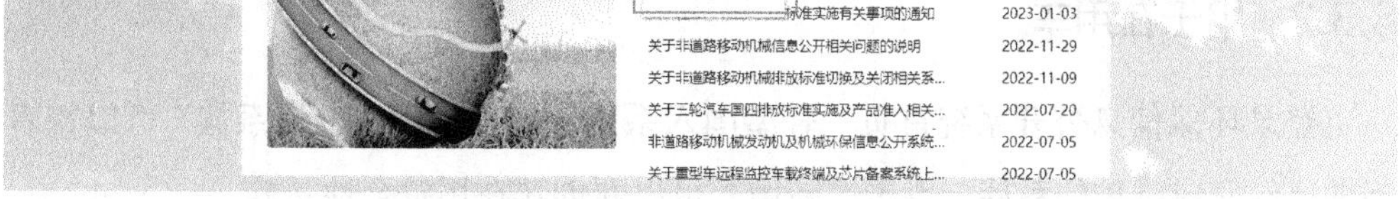


图 8-16 系族管理入口页面

## 8.3.1 用于新车

登录环保信息公开系统首页“轻型国六系族”中“系族管理”，进入后可以查看当前已经完成维护的系族，也可以创建新的系族。操作页面见图 8-17、图 8-18。

图 8-17 系族创建页面—1

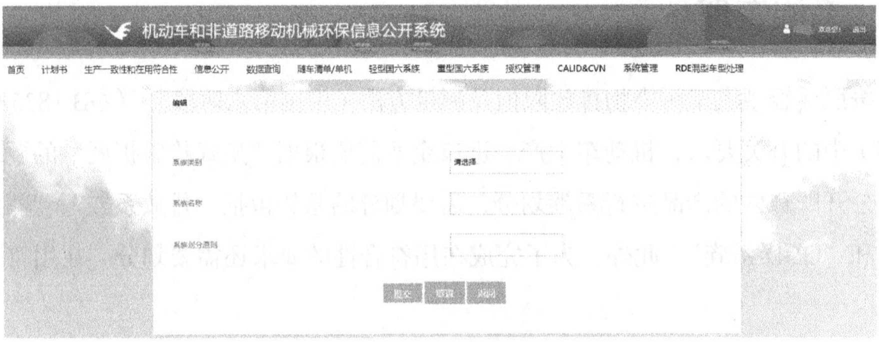


图 8-18 系族创建页面—2

为顺利进行型式检验，创建系族时，应优先完成“排放系族”、“蒸发系族”和“OBD 系族”的创建，企业可自行编制系族名称，并在系统中按国六标准要求备案系族的划分原则进行划分。

## 8.3.2 用于在用车

登录环保信息公开系统首页“轻型国六系族”中“在用符合性系族”可以查看当前已经完成维护的系族，点击“新增”可以新创建在用符合性系族。

按照《轻型汽车污染物排放限值及测量方法（中国第六阶段）》（GB 18352.6—

2016）中的有关要求，生产企业可以按照车型或在用车系族制定在用符合性检查规程，在用车系族可以包括一个或多个系族。应注意，企业在创建在用符合性系族时已经完成全部“排放系族”、“蒸发系族”和“OBD 系族”工作，页面会给出已经完成维护的系族名称，企业通过选择的方式将已有的一个或多个“排放系族”、“蒸发系族”和“OBD 系族”纳入同一个在用符合性系族中并完成提交。

企业保证已经被纳入在用符合性系族的“排放系族”、“蒸发系族”和“OBD 系族”所对应的系族名称和划分方式不再被修改。操作页面见图 8-19、图 8-20。

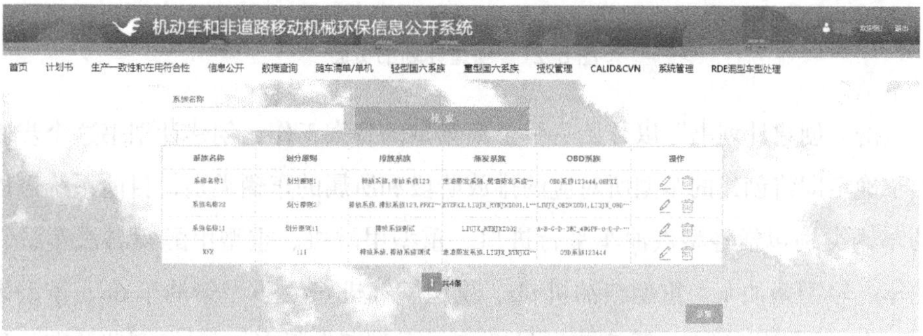


图 8-19　在用符合性系族管理页面

图 8-20　编辑在用符合性系族管理页面

## 8.4　计划书

备案车辆技术信息的第一步是创建计划书，登录环保信息公开系统首页“计划书”后点击“计划书管理”可以查看目前已经创建的计划书，操作页面见图 8-21。

图 8-21　创建计划书页面

点击“创建计划书”以开始一个全新车型的备案工作，创建计划书这个步骤主要用于确定即将创建的车型所对应的排放阶段和所属的车辆类别，目前系统可以选择的车辆类别包括轻型汽油车平行进口、重型甲醇机、重型甲醇燃料汽车、轻型汽油车、轻型柴油车、重型柴油机 6b、重型燃气机 6b、重型柴油车 6b、重型燃气车 6b、轻型两用燃料车、重型双燃料机 6b、重型双燃料车 6b 和轻型柴油车平行进口。操作页面见图 8-21、图 8-22。内容编号由企业自行定义，没有特殊的要求。

图 8-22　创建计划书选择排放阶段页面

## 8.5　附录

轻型车企业完成注册和企业管理后，可以进行环保信息公开相关操作，包括商标、系族、工作计划和生产一致性保证计划书的填报、管理，附录填报及信息公开或入库。以上操作中与车型技术信息有关的绝大部分内容在附录中完成。选择一个已经完成备案的计划书并点击“创建附录”以创建一条车型的备案信息，应注意，一个车辆型号只能存在一个附录编号，不可以重新创建（图 8-23）。

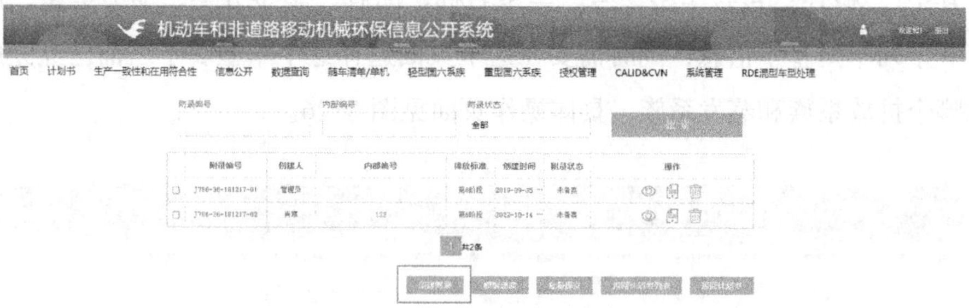


图 8-23　创建附录页面

点击“创建附录”后，首先选择车辆的基本属性，分为“自产整车”、“整车改装或二类底盘改装”和“三类改装车”。对于轻型车企业来说，生产企业选择“自产整车”，具有工业和信息化部民用改装车资质并备案改装车车型的选择“整车改装或二类底盘改装”。完成创建后，选择其中一个已经创建好的附录编号，点击“查看”开始进行车型技术参数填写。具体操作页面见图 8-24、图 8-25。

图 8-24　车辆属性选择附录页面

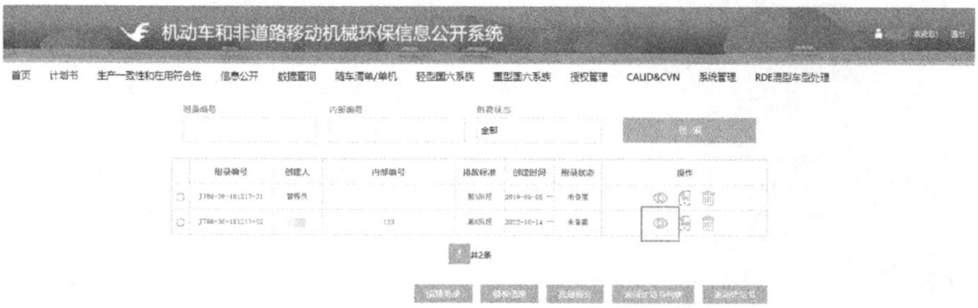


图 8-25　填写附录页面

开始填写附录信息，以轻型汽油车为例，进入附录后可以看到包括“概述”、“总体机构特征”、“动力系”、“扩展车型”、“车体”、“车体文件上传 / 道路载荷”、“道路载荷系数”和“排放质保零部件要求”几个主要的分支。

其中，“概述”包含车型型号、车型名称、品牌、车型分类、动力类型、制造商等一系列车型基本信息，同时需要在这个页面选择这个车型属于之前已经完成维护的哪个排放系族和蒸发系族，具体操作页面见图 8-26。

图 8-26　填写附录页面→概述

“总体机构特征”包含典型车辆照片、轴数、测试质量、最大总质量、基准质量、驱动型式、燃料类型、行驶模式、$CO_2$ 申报值和测功机模式等与车型基本属性相关的参数信息。最终点击“保存”进入下一页，具体操作页面见图 8-27。

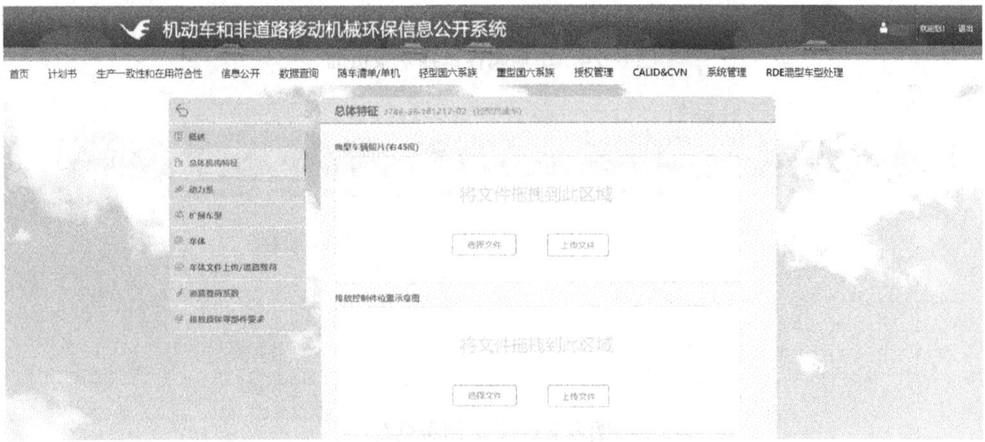

图 8-27 填写附录页面→总体机构特征

“动力系”方面主要体现发动机方面的技术内容，由于一个车型可能匹配多个型号的发动机，所以此部分采用独立创建配置组的形式，具体操作页面见图 8-28。

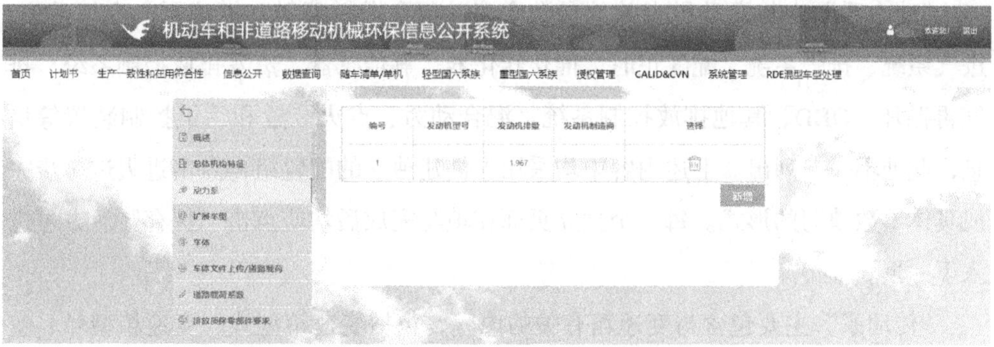


图 8-28 填写附录页面→动力系

在确定好发动机型号和制造商后即可开始填写发动机相关参数，具体操作页面见图 8-29。

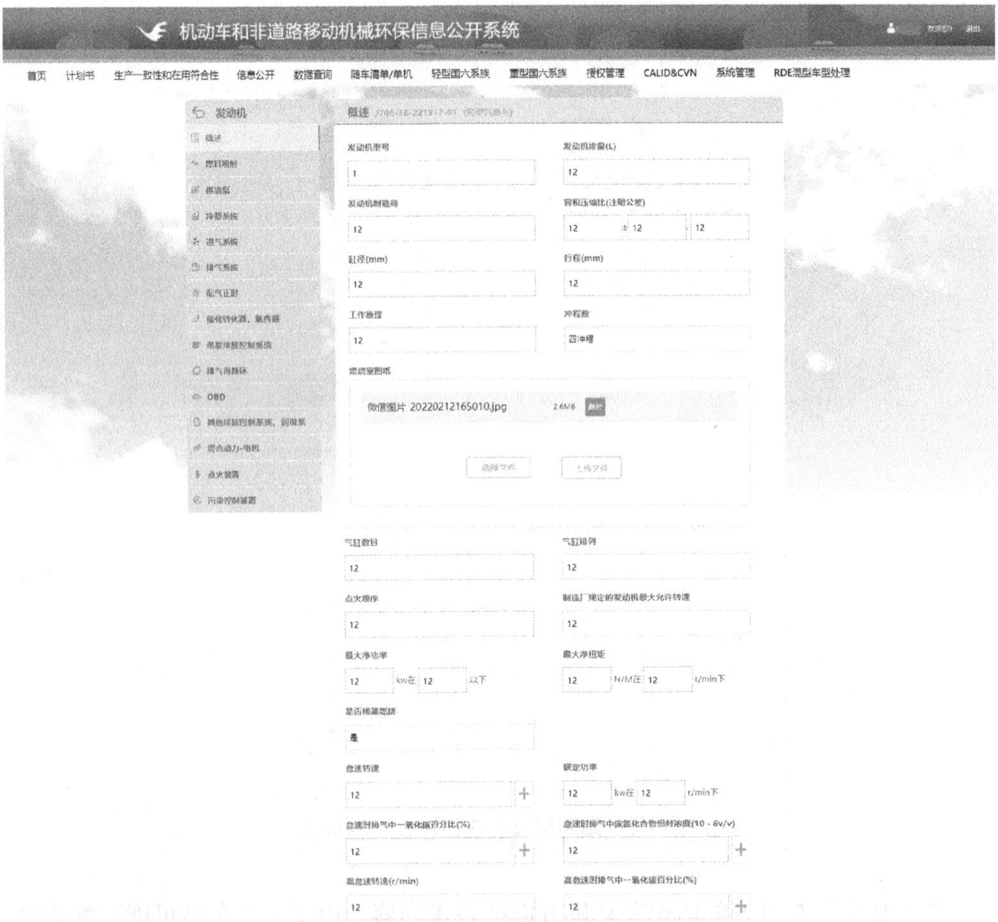

图 8-29　填写附录页面→发动机

“动力系”中与发动机有关的参数众多，包含燃料喷射、供油泵、冷却系统、进气系统、排气系统、配气正时、催化转化器、氧传感器、蒸发排放控制系统、排气再循环、OBD、其他排放控制系统、混合动力、点火装置和污染控制装置等信息，此处不一一列出。上述内容中均采用先创建独立的配置组再点击进去进一步完成具体参数填写的形式。每一个独立页面在填写完成后均应点击“保存”后方可进入下一页。

“传动系”主要包含与变速箱有关的内容，包括变速箱型式、变速箱型号、变速箱厂家，以及挡位数、主减速比和各挡速比等技术参数。填写完成点击“保存”后方可进入下一页。具体操作页面见图 8-30。

“悬挂系”以车轮信息为主，具体操作页面见图 8-31。

图 8-30　填写附录页面→传动系

图 8-31　填写附录页面→悬挂系

当车辆的某些技术参数发生变化且变化后的车辆仍然可以满足标准中型式检验扩展的有关要求时，企业可以选择“扩展车型”进行填报。进行扩展操作有两种方法，第一种是对个别参数的扩展，可以点击原有数据框后面的“+”直接添加多个参数信息，具体操作页面见图 8-32。

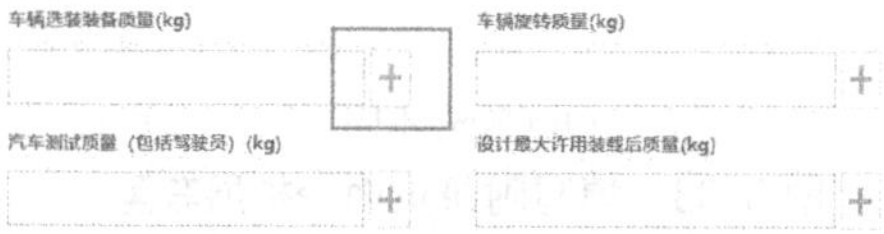


图 8-32　填写附录页面→参数扩展

第二种是对有较多变化的参数的扩展，可以使用“扩展车型”重新填写，扩展车型的车型型号和基础车型型号可以相同，也可以不同，具体操作页面见图 8-33。

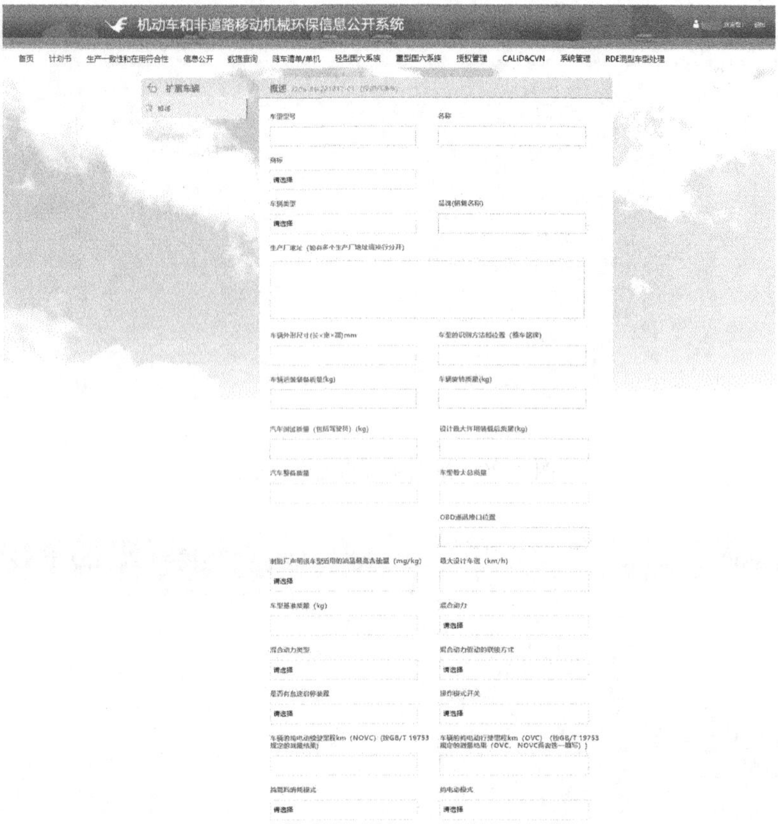


（a）型号相同

（b）型号不同

图 8-33　填写附录页面→扩展车型

“道路载荷系数”方面，企业可以按照《轻型汽车污染物排放限值及测量方法（中国第六阶段）》（GB 18352.6—2016）中的有关要求，选用滑行法、风洞法或计算法得到道路载荷系数 f0、f1 和 f2，并在环保信息公开系统中备案用于型式检验。

具体操作页面见图 8-34。

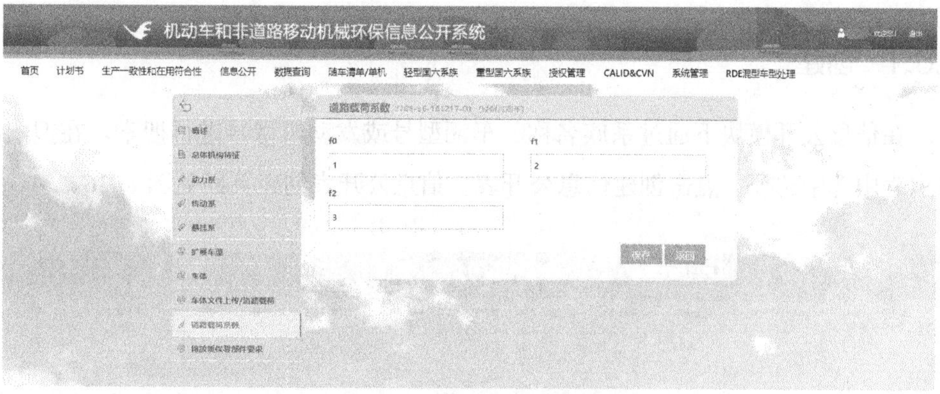


图 8-34 填写附录页面→道路载荷系数

“排放质保零部件”方面，生产企业应保证排放相关零部件的材料、制造工艺及产品质量，确保其在正常寿命期内的排放控制功能。

排放相关零部件如果在质保期内出现故障或损坏，导致排放系统失效，或车辆排放超过 GB 18352.6—2016 限值要求，生产企业应当承担相关维修费用。

生产企业应至少对 GB 18352.6—2016 中附件 AB 给出的排放相关零部件提供质保服务，其排放质保期不应低于 3 年或 6 万 km（以先到为准）。

企业应根据申报车型的实际情况与排放质保零部件的清单进行比对，确实使用并安装的部件应在页面上选择。具体操作页面见图 8-35。

图 8-35 填写附录页面→排放质保零部件

## 8.6 信息公开表

### 8.6.1 创建

在信息公开模块下通过系族名称、车辆型号或发动机型号进行搜索。在搜索出的列表中选中选项，点击创建信息公开表。信息公开表创建页面见图 8-36。

图 8-36　信息公开表创建页面

选择排放阶段、是否属于进口车、是否使用推荐劣化系数、是否属于单车认证等选项，并点击“下一步”。开始创建信息公开表操作页面见图 8-37。

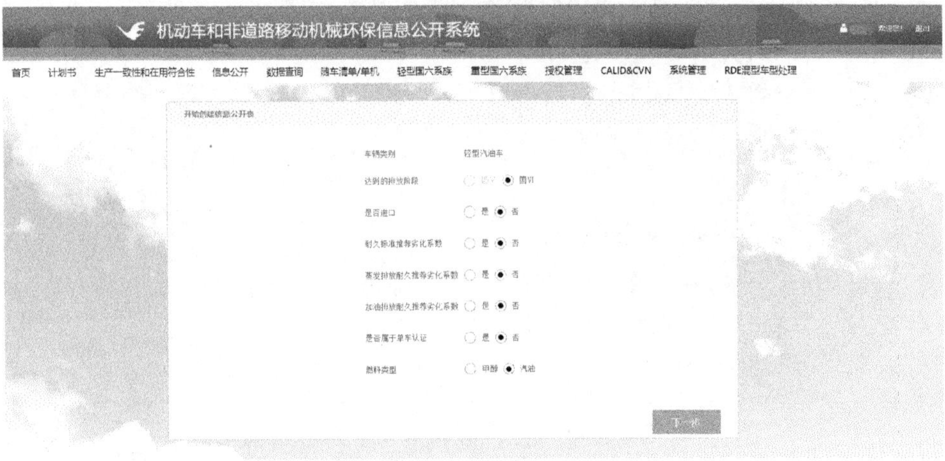


图 8-37　开始创建信息公开表操作页面

此时会看到检验机构已经完成的型式检验报告，根据车辆对应的实际情况，分别选择对应的 I 型至Ⅶ型，再添加 OBD、油耗和噪声的报告，确认无误后点击“下一步”并等待系统完成信息公开表的创建。信息公开表信息选择页面见图 8-38。

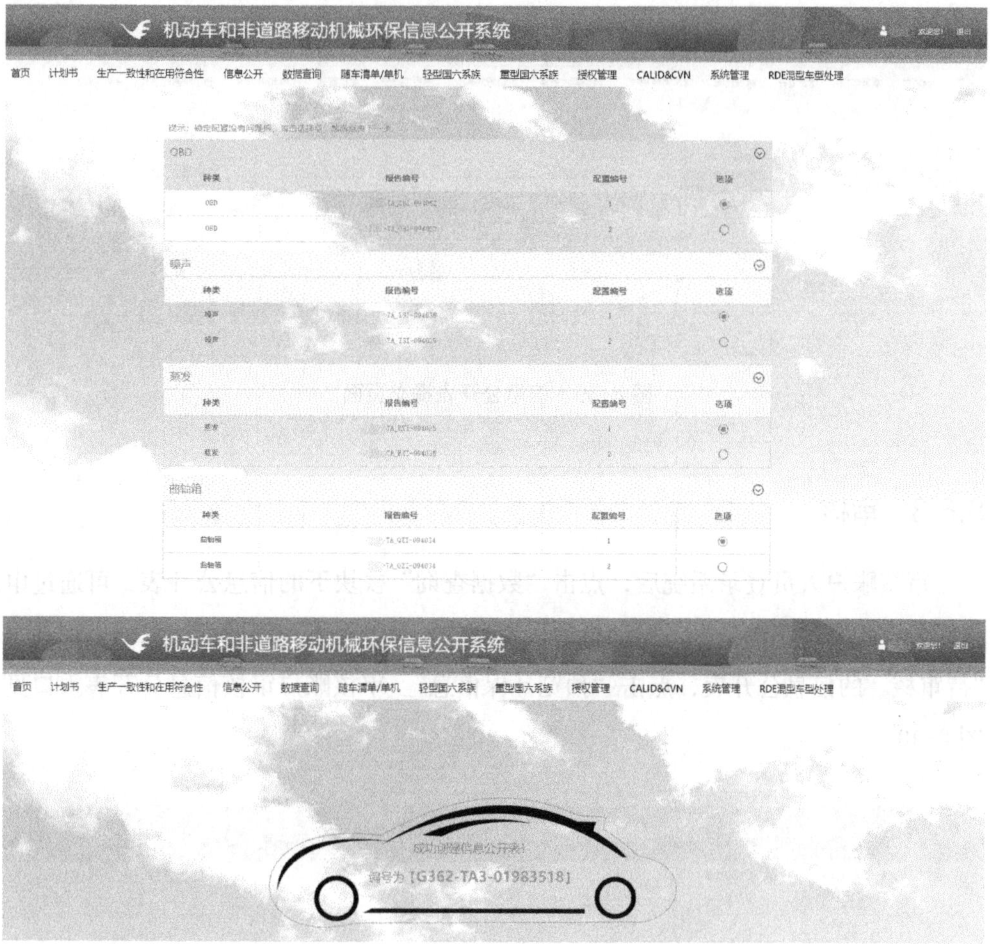


图 8-38 信息公开表信息选择页面

## 8.6.2 提交

已创建的信息公开表可以点击“数据查询”模块下的“信息公开表”，通过申报编号、状态、车辆型号、发动机型号或创建人进行搜索。在搜索结果列表中选中待提交的信息公开表，点击“提交信息公开表”。

若提交的信息公开表通过系统校验，则该信息公开表将自动生成信息公开编号，状态由“未发送”变为“待审核”，由审核账户进行审核。若提交的信息公开表未通过系统校验，则不会生成信息公开编号，该信息公开表状态将变为“被打回”。一经打回，该信息公开表将无法再次提交。信息公开表提交页面见图 8-39。

图 8-39　信息公开表提交页面

## 8.6.3 审核

审核账户人员登录系统后，点击“数据查询”模块下的信息公开表，可通过申报编号、状态、车辆型号、发动机型号或创建人进行搜索。在搜索结果列表中选中“待审核”的信息公开表，点击“预览环保信息”。审核账户审核信息公开表入口见图 8-40。

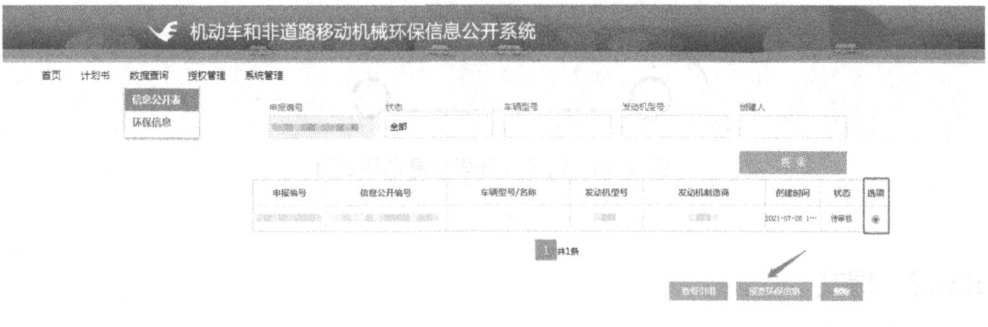


图 8-40　审核账户审核信息公开表入口

在预览环保信息页面，完成所有信息的核对后，在页面底部可以选择审核通过或退回申请。点击“审核通过”，填写原因并提交后，该信息公开表将提交至备案账户进行公开或入库，状态变为“已审核待公开”；若点击“退回申请”，填写原因并提交后，该信息公开表状态将变为“被打回”。一经打回，该信息公开表将无法再次提交。审核账户审核信息公开表操作页面见图 8-41。

**轻型汽油车环保信息**

信息公开编号:CN QG G6 22

点此查看相关变更、更正情况

本企业依据《中华人民共和国大气污染防治法》和生态环境部相关规定公开机动车环保信息，本企业对公开的所有内容的真实性、准确性、及时性和完整性负责，本企业承诺：我公司型号为SQR6474F19T3 的轻型汽油车符合《轻型汽车污染物排放限值及测量方法（中国第六阶段）》（GB 18352.6-2016）b阶段，PN限值6.0×10¹¹个/km，RDE仅监测报告，《汽油车污染物排放限值及测量方法（双怠速法及简易工况法）》（GB 18285）和《汽车加速行驶车外噪声限值及测量方法》（GB 1495）的要求，同时符合相关标准规定的环境保护20万公里耐久性要求。

第一部分 车辆信息

| | |
|---|---|
| 1、车辆型号 | |
| 2、商标 | |
| 3、汽车分类 | M1 |
| 4、排放阶段 | 国六 |
| 5、车辆识别方法和位置 | 识别方法 铭牌 位置 驾驶室内右侧B柱下侧边缘处 |
| 6、车辆制造商名称 | |
| 7、生产厂地址 | |
| 8、基准质量 | 1641kg |

第二部分 检验信息

9、型式检验信息

| 依据的标准 | 检测机构 | 检测结论 |
|---|---|---|
| GB 18352.6-2016 | 中国汽车工程研究院股份有限公司检测中心/国家机动车质量检验检测中心（重庆） | 符合 |
| GB 1495-2002 | 中国汽车工程研究院股份有限公司检测中心/国家机动车质量检验检测中心（重庆） | 符合 |

第三部分 污染控制技术信息

| | |
|---|---|
| 10、发动机型号/生产企业 | |
| 11、催化转化器型号/生产企业 | 前:1205AB1/前: |
| 涂层/载体/封装生产企业 | 前:单元1 |
| 12、颗粒捕集器（GPF）型号/生产企业 | 前:CH73/前 制(苏州)有限公司 |
| 涂层/载体/封装生产企业 | 前:单元1 )有限公司/前:单元1:NGK 前: 限公司 |
| 13、炭罐型号/生产企业 | |
| 14、氧传感器型号/生产企业 | 前氧:LSU5.2/后氧:LSF4/ 限公司 |
| 15、曲轴箱排放控制装置型号/生产企业 | 1014AAF/ 件制造有限公司 |
| 16、EGR型号/生产企业 | 无 |
| 17、OBD系统供应商 | 有限公司 |
| 18、ECU型号/生产企业 | MG1UA008 限公司 |
| 19、变速器型式/档位数 | 无级变速(CVT)/无 |
| 20、消声器型号/生产企业 | 前消:1201AD3/后消:1201AB7/ 股份有限公司 |
| 21、增压器型号/生产企业 | MGT13L/ 上海）有限公司 |
| 22、中冷器型式 | 空水 |

第四部分 制造商/进口企业信息

23、法人代表

24、地址

25、联系电话

本信息内容可访问本公司官方网站 查询

图 8-41　审核账户审核信息公开表操作页面

## 8.6.4　公开

备案账户人员登录系统后，点击“数据查询”模块下的信息公开表，可通过申报编号、状态、车辆型号、发动机型号或创建人进行搜索。在搜索结果列表中选中“已审核待公开”的信息公开表，点击“预览环保信息”。

在预览环保信息页面，完成所有信息的核对后，在页面底部可以选择确认公开、确认入库或退回申请。提交信息公开表页面见图 8-42。

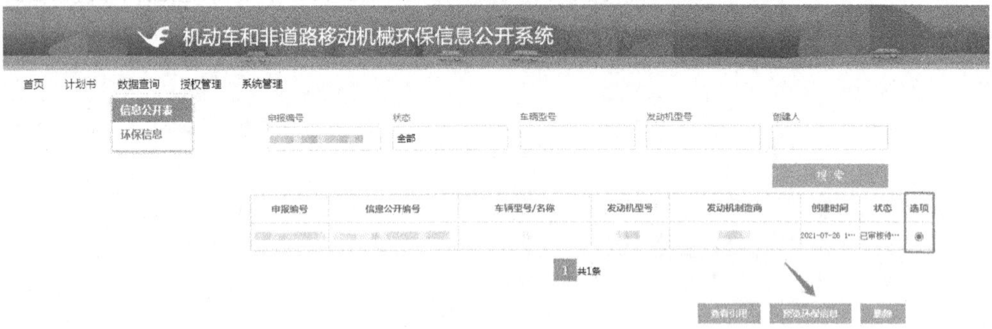


图 8-42 提交信息公开表页面

点击“确认公开”，在弹出框中点击“确定”，则完成该车型的信息公开；点击“退回申请”，填写原因并提交后，该信息公开表状态将变为“被打回”。一经打回，该信息公开表将无法再次提交。信息公开表确认操作页面见图 8-43。

图 8-43 信息公开表确认操作页面

## 8.7 随车清单

机动车生产、进口企业在得到信息公开编号并实施量产后，还需要完成单车信息的公开才算结束工作。登录环保信息公开系统首页“随车清单 / 单机”，点击“报送 VIN/ 单机信息”进入页面，见图 8-44。

图 8-44　上传随车清单功能入口

报送主要有两种方式：接口报送和文件上传。

如选择接口报送的方式，可在“随车清单 / 单机”→“报送 VIN/ 单机信息”页面中下载说明，并按照说明进行报送，见图 8-45。点击“报送模板”“文件上传示例文件”，下载单机信息报送模板，参照文件上传示例文件和单机信息报送操作手册填写单机信息。示例文件上传操作页面见图 8-46。

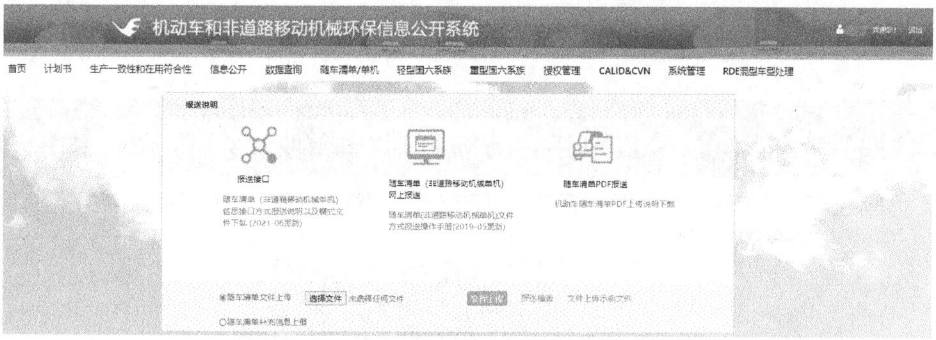


图 8-45　随车清单上传方式选择操作页面

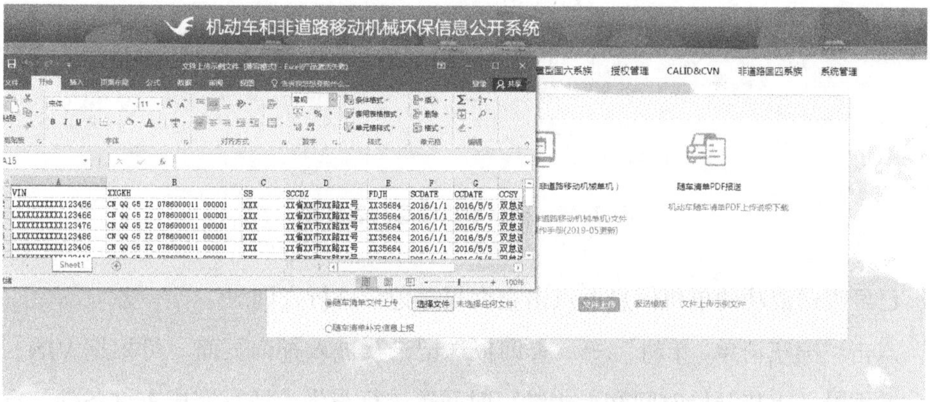


图 8-46　示例文件上传操作页面

如选择文件上传的方式，点击“选择文件”，选择已经填写好的单机信息文件。点击“文件上传”，上传单机信息文件。若上传文件格式不符合要求，则将弹出相应错误提示。若文件格式无误，则将显示单机信息列表。选择上传单机文件页面见图 8-47。确认单机信息列表，无误点击“上报”，反之则点击“取消”。确认单机信息列表页面见图 8-48。

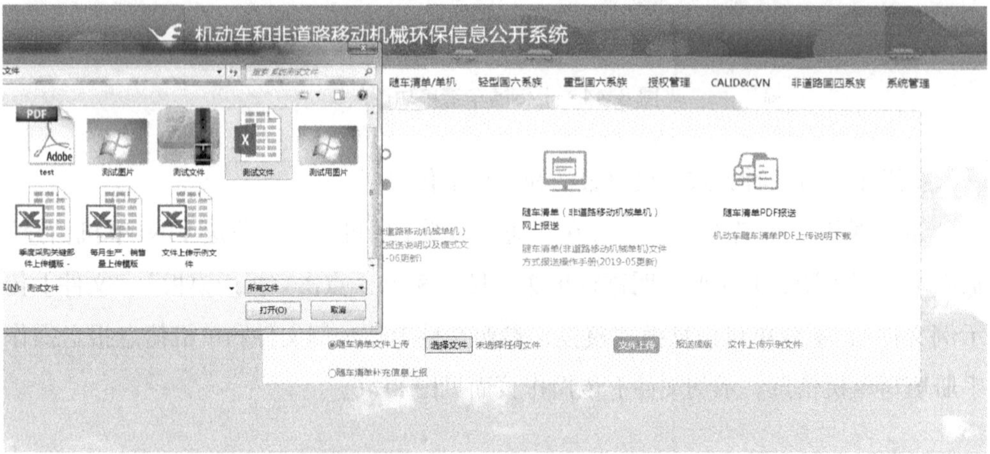


图 8-47　选择上传单机文件页面

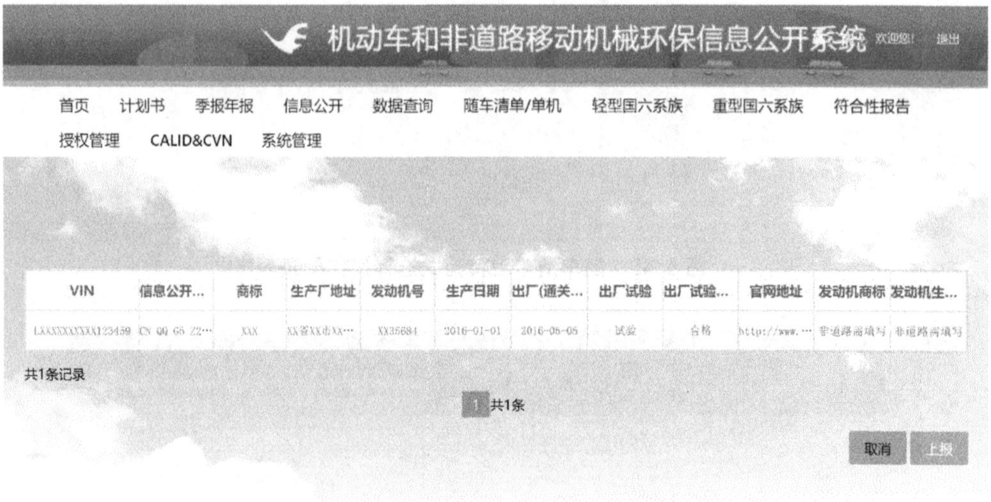


图 8-48　确认单机信息列表页面

已经报送成功的单机信息可点击查询报送记录进行查询。

点击“随车清单 / 单机”→“查询报送记录”进入查询页面。可根据 VIN、信息公开编号、上传开始时间和上传结束时间等进行查询。填写完成查询条件，点击

“搜索”。查询报送记录页面见图 8-49。

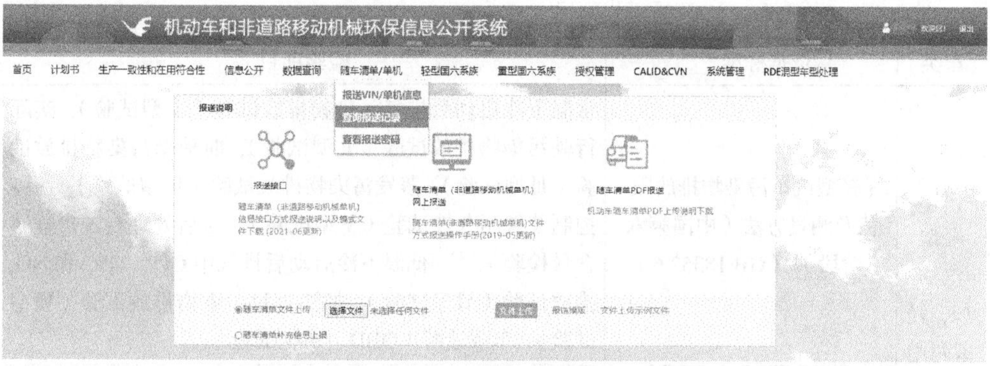


图 8-49　查询报送记录页面

查询后，若发现报送的单机信息有误，并且报送完成的时间未超过 48 小时，则可以点击“删除”按钮删除错误信息，再按照单机信息报送流程重新报送。如果报送完成时间超过 48 小时，则不能直接删除，需要进行更正处理。

至此企业即可完成从车型到车辆的环保信息公开工作，确认无误后车辆即可出厂或入境并进行销售。

# 附件 A　轻型车环保信息公开型式检验试验项目

| 车类 | 依据标准[1] | 检验项目 |
|---|---|---|
| 轻型汽油车、轻型两用燃料车 | 《轻型汽车污染物排放限值及测量方法（中国第六阶段）》（GB 18352.6） | 常温下冷启动后排气污染物排放试验（Ⅰ型试验）、实际行驶污染物排放试验（Ⅱ型试验）、曲轴箱污染物排放试验（Ⅲ型试验）、蒸发污染物排放试验（Ⅳ型试验）、污染控制装置耐久性试验（Ⅴ型试验）（含后处理装置贵金属含量检验）[2]、低温下冷启动后排气中 CO、THC 和 $NO_x$ 排放试验（Ⅵ型试验）、加油过程污染物排放试验（Ⅶ型试验）、车载诊断（OBD）系统试验 |
| | 《轻型汽车燃料消耗量试验方法》（GB/T 19233） | 轻型汽车燃料消耗量试验 |
| | 《汽车加速行驶车外噪声限值及测量方法》（GB 1495） | 加速行驶车外噪声试验 |
| 轻型汽油混合动力车 | 《轻型汽车污染物排放限值及测量方法（中国第六阶段）》（GB 18352.6） | 常温下冷启动后排气污染物排放试验（Ⅰ型试验）、实际行驶污染物排放试验（Ⅱ型试验）、曲轴箱污染物排放试验（Ⅲ型试验）、蒸发污染物排放试验（Ⅳ型试验）、污染控制装置耐久性试验（Ⅴ型试验）（含后处理装置贵金属含量检验）[2]、低温下冷启动后排气中 CO、THC 和 $NO_x$ 排放试验（Ⅵ型试验）、加油过程污染物排放试验（Ⅶ型试验）、车载诊断（OBD）系统试验 |
| | 《轻型混合动力电动汽车能量消耗量试验方法》（GB/T 19753） | 轻型混合动力电动汽车燃料消耗量试验 |
| | 《汽车加速行驶车外噪声限值及测量方法》（GB 1495） | 加速行驶车外噪声试验 |
| 轻型甲醇燃料汽车 | 《轻型汽车污染物排放限值及测量方法（中国第六阶段）》（GB 18352.6） | 常温下冷启动后排气污染物排放试验（Ⅰ型试验）、实际行驶污染物排放试验（Ⅱ型试验）、曲轴箱污染物排放试验（Ⅲ型试验）、蒸发污染物排放试验（Ⅳ型试验）、污染控制装置耐久性试验（Ⅴ型试验）（含后处理装置贵金属含量检验）[2]、低温下冷启动后排气中 CO、THC 和 $NO_x$ 排放试验（Ⅵ型试验）、加油过程污染物排放试验（Ⅶ型试验）、车载诊断（OBD）系统试验 |
| | 《甲醇燃料汽车非常规污染物排放测量方法》（HJ 1137） | |
| | 《轻型汽车燃料消耗量试验方法》（GB/T 19233） | 轻型汽车燃料消耗量试验 |
| | 《汽车加速行驶车外噪声限值及测量方法》（GB 1495） | 加速行驶车外噪声试验 |

续表

| 车类 | 依据标准[1] | 检验项目 |
| --- | --- | --- |
| 轻型甲醇－柴油双燃料汽车 | 《轻型汽车污染物排放限值及测量方法（中国第六阶段）》（GB 18352.6）<br>《甲醇燃料汽车非常规污染物排放测量方法》（HJ 1137） | 常温下冷启动后排气污染物排放试验（Ⅰ型试验）[含装有周期性再生系统汽车的再生因子试验（$K_i$ 系数）]、实际行驶污染物排放试验（Ⅱ型试验）、曲轴箱污染物排放试验（Ⅲ型试验）、蒸发污染物排放试验（Ⅳ型试验）、污染控制装置耐久性试验（Ⅴ型试验）（含后处理装置贵金属含量检验）[2]、低温下冷启动后排气中 CO、THC 和 $NO_x$ 排放试验（Ⅵ型试验）、加油过程污染物排放试验（Ⅶ型试验）、车载诊断（OBD）系统试验 |
| | 《轻型汽车燃料消耗量试验方法》（GB/T 19233） | 轻型汽车燃料消耗量试验 |
| | 《汽车加速行驶车外噪声限值及测量方法》（GB 1495） | 加速行驶车外噪声试验 |
| 轻型燃气车（单一气体燃料车） | 《轻型汽车污染物排放限值及测量方法（中国第六阶段）》（GB 18352.6） | 常温下冷启动后排气污染物排放试验（Ⅰ型试验）[含装有周期性再生系统汽车的再生因子试验（$K_i$ 系数）]、实际行驶污染物排放试验（Ⅱ型试验）、曲轴箱污染物排放试验（Ⅲ型试验）、污染控制装置耐久性试验（Ⅴ型试验）（含后处理装置贵金属含量检验）[2]、低温下冷启动后排气中 CO、THC 和 $NO_x$ 排放试验（Ⅵ型试验）、车载诊断（OBD）系统试验 |
| | 《轻型汽车燃料消耗量试验方法》（GB/T 19233） | 轻型汽车燃料消耗量试验 |
| | 《汽车加速行驶车外噪声限值及测量方法》（GB 1495） | 加速行驶车外噪声试验 |
| 轻型燃气混合动力车 | 《轻型汽车污染物排放限值及测量方法（中国第六阶段）》（GB 18352.6） | 常温下冷启动后排气污染物排放试验（Ⅰ型试验）[含装有周期性再生系统汽车的再生因子试验（$K_i$ 系数）]、实际行驶污染物排放试验（Ⅱ型试验）、曲轴箱污染物排放试验（Ⅲ型试验）、污染控制装置耐久性试验（Ⅴ型试验）（含后处理装置贵金属含量检验）[2]、低温下冷启动后排气中 CO、THC 和 $NO_x$ 排放试验（Ⅵ型试验）、车载诊断（OBD）系统试验 |
| | 《轻型混合动力电动汽车能量消耗量试验方法》（GB/T 19753） | 轻型混合动力电动汽车燃料消耗量试验 |
| | 《汽车加速行驶车外噪声限值及测量方法》（GB 1495） | 加速行驶车外噪声试验 |
| 轻型柴油车 | 《轻型汽车污染物排放限值及测量方法（中国第六阶段）》（GB 18352.6） | 常温下冷启动后排气污染物排放试验（Ⅰ型试验）[含装有周期性再生系统汽车的再生因子试验（$K_i$ 系数）]、实际行驶污染物排放试验（Ⅱ型试验）、曲轴箱污染物排放试验（Ⅲ型试验）、污染控制装置耐久性试验（Ⅴ型试验）（含后处理装置贵金属含量检验）[2]、低温下冷启动后排气中 CO、THC 和 $NO_x$ 排放试验（Ⅵ型试验）、车载诊断（OBD）系统试验 |

续表

| 车类 | 依据标准[1] | 检验项目 |
| --- | --- | --- |
| 轻型柴油车 | 《轻型汽车燃料消耗量试验方法》（GB/T 19233） | 轻型汽车燃料消耗量试验 |
| | 《汽车加速行驶车外噪声限值及测量方法》（GB 1495） | 加速行驶车外噪声试验 |
| 轻型柴油混合动力车 | 《轻型汽车污染物排放限值及测量方法（中国第六阶段）》（GB 18352.6） | 常温下冷启动后排气污染物排放试验（Ⅰ型试验）［含装有周期性再生系统汽车的再生因子试验（$K_i$ 系数）］、实际行驶污染物排放试验（Ⅱ型试验）、曲轴箱污染物排放试验（Ⅲ型试验）、污染控制装置耐久性试验（Ⅴ型试验）（含后处理装置贵金属含量检验）[2]、低温下冷启动后排气中 CO、THC 和 $NO_x$ 排放试验（Ⅵ型试验）、车载诊断（OBD）系统试验 |
| | 《轻型混合动力电动汽车能量消耗量试验方法》（GB/T 19753） | 轻型混合动力电动汽车燃料消耗量试验 |
| | 《汽车加速行驶车外噪声限值及测量方法》（GB 1495） | 加速行驶车外噪声试验 |

注：（1）依据标准均为其现行有效标准。

（2）污染控制装置耐久性试验（Ⅴ型试验）（含后处理装置贵金属含量检验）（如果生产企业选择使用 GB 18352.6 推荐的劣化系数 / 修正值，可不进行此项试验）。

# 附件 B　环保信息随车清单样式

图 B-1　环保信息随车清单样例（正面）

中华人民共和国
机动车环保信息随车清单

（纯电动汽车）

MEE

中国××汽车集团有限公司

信息公开编号：
CN QD GX ZX 0000000000 000001

VIN: 12345678901234567

图 B-2　纯电动汽车环保信息随车清单样例（正面）

中华人民共和国
机动车环保信息随车清单
（燃料电池电动汽车）

MEE

中国××汽车集团有限公司

信息公开编号：
CN RD 00 ZX 0000000000 000001

VIN: 12345678901234567

图 B-3　燃料电池电动汽车环保信息随车清单样例（正面）

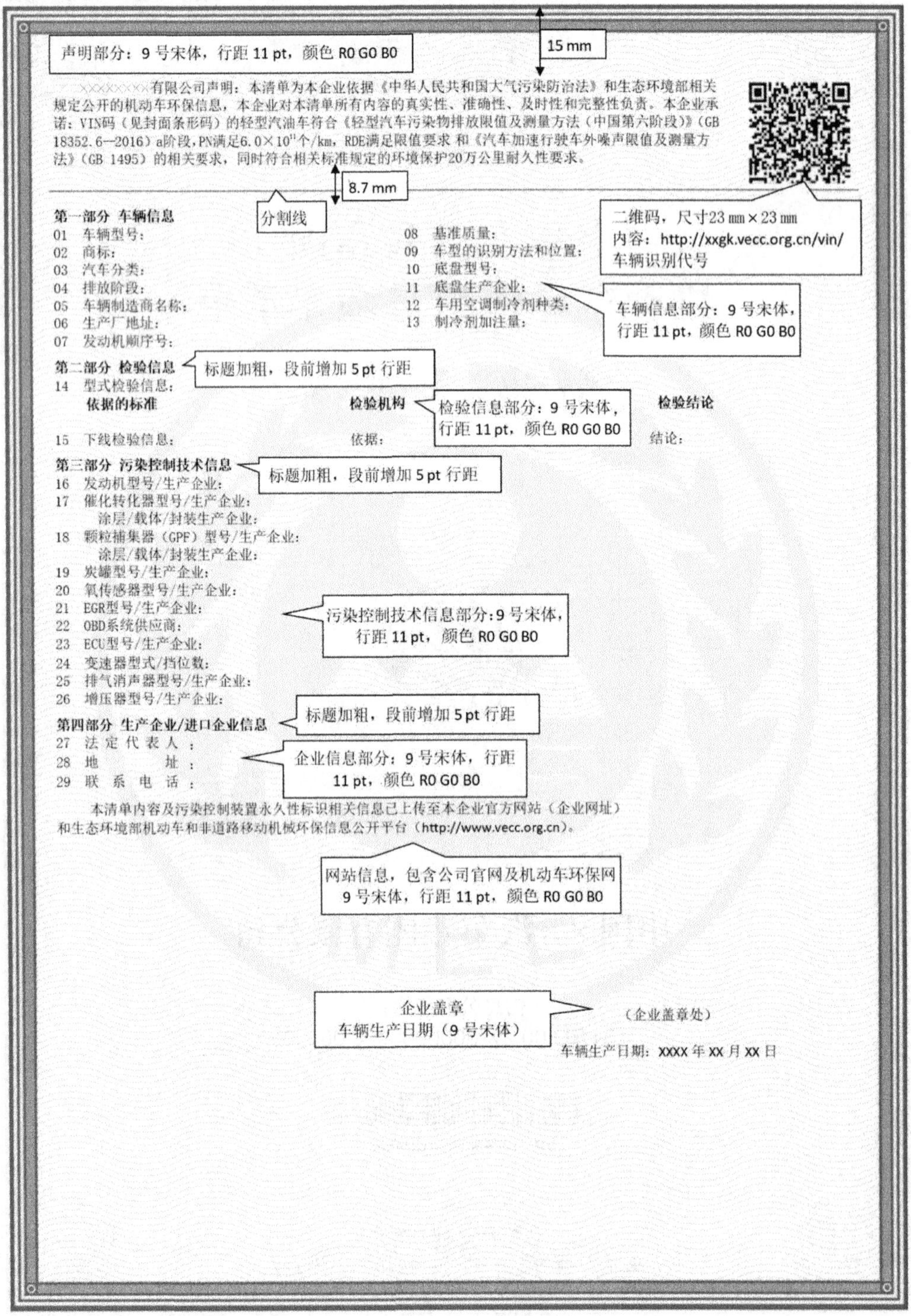


图 B-4 环保信息随车清单样例（背面）

表 B-1 轻型汽油车环保信息随车清单背面

| | | | |
|---|---|---|---|
| ××××××××××有限公司声明：本清单为本企业依据《中华人民共和国大气污染防治法》和生态环境部相关规定公开的机动车环保信息，本企业对本清单所有内容的真实性、准确性、及时性和完整性负责。本企业承诺：VIN码（见封面条形码）的轻型汽油车符合《轻型汽车污染物排放限值及测量方法（中国第六阶段）》（GB 18352.6—2016）a阶段，PN满足 $6.0 \times 10^{11}$ 个/km，RDE满足限值和《汽车加速行驶车外噪声限值及测量方法》（GB 1495）的相关要求，同时符合相关标准规定的环境保护20万公里耐久性要求。 | | | 二维码 |
| **第一部分　车辆信息** | | | |
| 01 车辆型号： | | 08 基准质量： | |
| 02 商标： | | 09 车型的识别方法和位置： | |
| 03 汽车分类： | | 10 底盘型号： | |
| 04 排放阶段： | | 11 底盘生产企业： | |
| 05 车辆制造商名称： | | 12 车用空调制冷剂种类： | |
| 06 生产厂地址： | | 13 车用空调制冷剂加注量： | |
| 07 发动机顺序号： | | | |
| **第二部分　检验信息** | | | |
| 14 型式检验信息： | | | |
| 依据的标准 | 检验机构 | 检验结论 | |
| | | | |
| 15 下线检验信息： | | | |
| 依据： | | 结论： | |
| **第三部分　污染控制技术信息** | | | |
| 16 发动机型号 / 生产企业： | | | |
| 17 催化转化器（TWC）型号 / 生产企业： | | | |
| 涂层 / 载体 / 封装生产企业： | | | |
| 18 颗粒捕集器（GPF）型号 / 生产企业： | | | |
| 涂层 / 载体 / 封装生产企业： | | | |
| 19 炭罐型号 / 生产企业： | | | |
| 20 氧传感器型号 / 生产企业： | | | |
| 21 EGR型号 / 生产企业： | | | |
| 22 OBD系统供应商： | | | |
| 23 ECU型号 / 生产企业： | | | |
| 24 变速器型式 / 挡位数： | | | |
| 25 排气消声器型号 / 生产企业： | | | |
| 26 增压器型号 / 生产企业： | | | |
| **第四部分　生产企业 / 进口企业信息** | | | |
| 27 法定代表人： | | | |
| 28 地　　址： | | | |
| 29 联 系 电 话： | | | |
| 本清单内容及污染控制装置永久性标识相关信息可查询本企业官方网站（http://www.xxx.com.cn）和生态环境部机动车环保信息公开平台（http://www.vecc.org.cn）。 | | | |
| | | | （企业盖章处） |
| | | | 车辆生产日期：　　年　月　日 |

**表 B-2　轻型混合动力车环保信息随车清单背面**

| | | | |
|---|---|---|---|
| ×××××××× 汽车制造有限公司声明：本清单为本企业依据《中华人民共和国大气污染防治法》和生态环境部相关规定公开的机动车环保信息，本企业对本清单所有内容的真实性、准确性、及时性和完整性负责。本企业承诺：VIN 码（见封面条形码）的轻型混合动力车符合《轻型汽车污染物排放限值及测量方法（中国第六阶段）》（GB 18352.6—2016）b 阶段，PN 满足 $6.0\times10^{11}$ 个 /km，RDE 满足限值和《汽车加速行驶车外噪声限值及测量方法》（GB 1495）的相关要求，同时符合相关标准规定的环境保护 20 万公里耐久性要求。 | | | 二维码 |
| **第一部分　车辆信息** | | | |
| 01 车辆型号： | | 08 发动机顺序号： | |
| 02 商标： | | 09 基准质量： | |
| 03 汽车分类： | | 10 车型的识别方法和位置： | |
| 04 排放阶段： | | 11 底盘型号： | |
| 05 车辆制造商名称： | | 12 底盘生产企业： | |
| 06 生产厂地址： | | 13 车用空调制冷剂种类： | |
| 07 驱动电机顺序号： | | 14 车用空调制冷剂加注量： | |
| **第二部分　检验信息** | | | |
| 15 型式检验信息： | | | |
| 依据的标准 | 检验机构 | 检验结论 | |
| | | | |
| 16 下线检验信息： | | | |
| 依据： | | 结论： | |
| **第三部分　污染控制技术信息** | | | |
| 17 发动机型号 / 生产企业： | | | |
| 18 驱动电机型号 / 生产企业： | | | |
| 19 能量储存装置型号 / 生产企业： | | | |
| 20 储能装置总储电量 / 纯电续航里程： | | | |
| 21 催化转化器（TWC）型号 / 生产企业： | | | |
| 涂层 / 载体 / 封装生产企业： | | | |
| 22 颗粒捕集器（GPF）型号 / 生产企业： | | | |
| 涂层 / 载体 / 封装生产企业： | | | |
| 23 炭罐型号 / 生产企业： | | | |
| 24 氧传感器型号 / 生产企业： | | | |
| 25 EGR 型号 / 生产企业： | | | |
| 26 OBD 系统供应商： | | | |
| 27 ECU 型号 / 生产企业： | | | |
| 28 变速器型式 / 挡位数： | | | |
| 29 排气消声器型号 / 生产企业： | | | |
| 30 增压器型号 / 生产企业： | | | |
| **第四部分　生产企业 / 进口企业信息** | | | |
| 31 法定代表人： | | | |
| 32 地　　址： | | | |
| 33 联 系 电 话： | | | |
| 本清单内容及污染控制装置永久性标识相关信息可查询本企业官方网站（http://www.xxx.com.cn）和生态环境部机动车环保信息公开平台（http://www.vecc.org.cn）。 | | | |
| | | | （企业盖章处） |
| | | 车辆生产日期：　　年　　月　　日 | |

### 表 B-3　轻型柴油车环保信息随车清单背面

| | | | |
|---|---|---|---|
| ×××××× 有限公司声明：本清单为本企业依据《中华人民共和国大气污染防治法》和生态环境部相关规定公开的机动车环保信息，本企业对本清单所有内容的真实性、准确性、及时性和完整性负责。本企业承诺：VIN 码（见封面条形码）的轻型柴油车符合《轻型汽车污染物排放限值及测量方法（中国第六阶段）》（GB 18352.6—2016）b 阶段，PN 满足 $6.0 \times 10^{11}$ 个 /km，RDE 满足限值和《汽车加速行驶车外噪声限值及测量方法》（GB 1495）的相关要求，同时符合相关标准规定的环境保护 20 万公里耐久性要求。 | | | 二维码 |
| **第一部分　车辆信息** | | | |
| 01 车辆型号： | | 08 基准质量： | |
| 02 商标： | | 09 车型的识别方法和位置： | |
| 03 汽车分类： | | 10 底盘型号： | |
| 04 排放阶段： | | 11 底盘生产企业： | |
| 05 车辆制造商名称： | | 12 车用空调制冷剂种类： | |
| 06 生产厂地址： | | 13 车用空调制冷剂加注量： | |
| 07 发动机顺序号： | | | |
| **第二部分　检验信息** | | | |
| 14 型式检验信息： | | | |
| 依据的标准 | 检验机构 | 检验结论 | |
| | | | |
| 15 下线检验信息： | | | |
| 依据： | | 结论： | |
| **第三部分　污染控制技术信息** | | | |
| 16 燃料供给系统型式： | | | |
| 17 发动机型号 / 生产企业： | | | |
| 18 喷油泵型号 / 生产企业： | | | |
| 19 增压器型号 / 生产企业： | | | |
| 20 EGR 型号 / 生产企业： | | | |
| 21 ECU 型号 / 生产企业： | | | |
| 22 OBD 系统供应商： | | | |
| 23 催化转化器（DOC）型号 / 生产企业： | | | |
| 封装 / 载体 / 涂层生产企业： | | | |
| 24 催化转化器（SCR）型号 / 生产企业： | | | |
| 封装 / 载体 / 涂层生产企业： | | | |
| 25 催化转化器（LNT）型号 / 生产企业： | | | |
| 封装 / 载体 / 涂层生产企业： | | | |
| 26 催化转化器（ASC）型号 / 生产企业： | | | |
| 封装 / 载体 / 涂层生产企业： | | | |
| 27 颗粒捕集器（DPF）型号 / 生产企业： | | | |
| 封装 / 载体 / 涂层生产企业： | | | |
| 28 排气消声器型号 / 生产企业： | | | |
| 29 变速器型式 / 挡位数： | | | |
| **第四部分　生产企业 / 进口企业信息** | | | |
| 30 法定代表人： | | | |
| 31 地　　址： | | | |
| 32 联 系 电 话： | | | |
| 本清单内容及污染控制装置永久性标识相关信息可查询本企业官方网站（http://www.xxxxx.com.cn）和生态环境部机动车环保信息公开平台（http://www.vecc.org.cn）。 | | | |
| | | | （企业盖章处） |
| | | | 车辆生产日期：　　年　　月　　日 |

## 表 B-4　轻型柴油混合动力车环保信息随车清单背面

| | | | |
|---|---|---|---|
| ××××××有限公司声明：本清单为本企业依据《中华人民共和国大气污染防治法》和生态环境部相关规定公开的机动车环保信息，本企业对本清单所有内容的真实性、准确性、及时性和完整性负责。本企业承诺：VIN 码（见封面条形码）的轻型柴油混合动力车符合《轻型汽车污染物排放限值及测量方法（中国第六阶段）》（GB 18352.6—2016）b 阶段，PN 满足 $6.0\times10^{11}$ 个 /km，RDE 满足限值和《汽车加速行驶车外噪声限值及测量方法》（GB 1495）的相关要求，同时符合相关标准规定的环境保护 20 万公里耐久性要求。 | | | 二维码 |
| **第一部分　车辆信息** | | | |
| 01 车辆型号： | | 08 发动机顺序号： | |
| 02 商标： | | 09 基准质量： | |
| 03 汽车分类： | | 10 车型的识别方法和位置： | |
| 04 排放阶段： | | 11 底盘型号： | |
| 05 车辆制造商名称： | | 12 底盘生产企业： | |
| 06 生产厂地址： | | 13 车用空调制冷剂种类： | |
| 07 驱动电机顺序号： | | 14 车用空调制冷剂加注量： | |
| **第二部分　检验信息** | | | |
| 15 型式检验信息： | | | |
| 依据的标准 | 检验机构 | 检验结论 | |
| | | | |
| 16 下线检验信息： | | | |
| 依据： | | 结论： | |
| **第三部分　污染控制技术信息** | | | |
| 17 燃料供给系统型式： | | | |
| 18 驱动电机型号 / 生产企业： | | | |
| 19 储能装置型号 / 生产企业： | | | |
| 20 储能装置总储电量 / 车辆纯电续航里程： | | | |
| 21 发动机型号 / 生产企业： | | | |
| 22 喷油泵型号 / 生产企业： | | | |
| 23 增压器型号 / 生产企业： | | | |
| 24 EGR 型号 / 生产企业： | | | |
| 25 ECU 型号 / 生产企业： | | | |
| 26 OBD 系统供应商： | | | |
| 27 催化转化器（DOC）型号 / 生产企业： | | | |
| 封装 / 载体 / 涂层生产企业： | | | |
| 28 催化转化器（SCR）型号 / 生产企业： | | | |
| 封装 / 载体 / 涂层生产企业： | | | |
| 29 催化转化器（LNT）型号 / 生产企业： | | | |
| 封装 / 载体 / 涂层生产企业： | | | |
| 30 催化转化器（ASC）型号 / 生产企业： | | | |
| 封装 / 载体 / 涂层生产企业： | | | |
| 31 颗粒捕集器（DPF）型号 / 生产企业： | | | |
| 封装 / 载体 / 涂层生产企业： | | | |
| 32 排气消声器型号 / 生产企业： | | | |
| 33 变速器型式 / 挡位数： | | | |
| **第四部分　生产企业 / 进口企业信息** | | | |
| 34 法定代表人： | | | |
| 35 地　　址： | | | |
| 36 联 系 电 话： | | | |
| 本清单内容及污染控制装置永久性标识相关信息可查询本企业官方网站（http://www.xxx.com.cn）和生态环境部机动车环保信息公开平台（http://www.vecc.org.cn）。 | | | |
| | | | （企业盖章处） |
| | | 车辆生产日期：　　　年　　月　　日 | |

表 B-5 轻型燃气车环保信息随车清单背面

| | | | |
|---|---|---|---|
| ××××××××× 有限公司声明：本清单为本企业依据《中华人民共和国大气污染防治法》和生态环境部相关规定公开的机动车环保信息，本企业对本清单所有内容的真实性、准确性、及时性和完整性负责。本企业承诺：VIN 码（见封面条形码）的轻型燃气车符合《轻型汽车污染物排放限值及测量方法（中国第六阶段）》（GB 18352.6—2016）a 阶段，RDE 满足限值和《汽车加速行驶车外噪声限值及测量方法》（GB 1495）的相关要求，同时符合相关标准规定的环境保护 20 万公里耐久性要求。 | | | 二维码 |
| **第一部分　车辆信息** | | | |
| 01 车辆型号： | | 08 基准质量： | |
| 02 商标： | | 09 车型的识别方法和位置： | |
| 03 汽车分类： | | 10 底盘型号： | |
| 04 排放阶段： | | 11 底盘生产企业： | |
| 05 车辆制造商名称： | | 12 车用空调制冷剂种类： | |
| 06 生产厂地址： | | 13 车用空调制冷剂加注量： | |
| 07 发动机顺序号： | | | |
| **第二部分　检验信息** | | | |
| 14 型式检验信息： | | | |
| 依据的标准 | 检验机构 | 检验结论 | |
| | | | |
| 15 下线检验信息： | | | |
| 依据： | | 结论： | |
| **第三部分　污染控制技术信息** | | | |
| 16 发动机型号 / 生产企业： | | | |
| 17 催化转化器（TWC）型号 / 生产企业： | | | |
| 涂层 / 载体 / 封装生产企业： | | | |
| 18 颗粒捕集器型号 / 生产企业： | | | |
| 涂层 / 载体 / 封装生产企业： | | | |
| 19 氧传感器型号 / 生产企业： | | | |
| 20 EGR 型号 / 生产企业： | | | |
| 21 OBD 系统供应商： | | | |
| 22 ECU 型号 / 生产企业： | | | |
| 23 变速器型式 / 挡位数： | | | |
| 24 排气消声器型号 / 生产企业： | | | |
| 25 增压器型号 / 生产企业： | | | |
| **第四部分　生产企业 / 进口企业信息** | | | |
| 26 法定代表人： | | | |
| 27 地　　址： | | | |
| 28 联 系 电 话： | | | |

本清单内容及污染控制装置永久性标识相关信息可查询本企业官方网站（http://www.xxx.com.cn）和生态环境部机动车环保信息公开平台（http://www.vecc.org.cn）。

（企业盖章处）

车辆生产日期：　　年　　月　　日

表 B-6　轻型燃气混合动力车环保信息随车清单背面

| | | | |
|---|---|---|---|
| ××××××××× 有限公司声明：本清单为本企业依据《中华人民共和国大气污染防治法》和生态环境部相关规定公开的机动车环保信息，本企业对本清单所有内容的真实性、准确性、及时性和完整性负责。本企业承诺：VIN 码（见封面条形码）的轻型燃气混合动力车符合《轻型汽车污染物排放限值及测量方法（中国第六阶段）》（GB 18352.6—2016）a 阶段，RDE 满足限值和《汽车加速行驶车外噪声限值及测量方法》（GB 1495）的相关要求，同时符合相关标准规定的环境保护 20 万公里耐久性要求。 | | | 二维码 |
| **第一部分　车辆信息** | | | |
| 01 车辆型号： | | 08 发动机顺序号： | |
| 02 商标： | | 09 基准质量： | |
| 03 汽车分类： | | 10 车型的识别方法和位置： | |
| 04 排放阶段： | | 11 底盘型号： | |
| 05 车辆制造商名称： | | 12 底盘生产企业： | |
| 06 生产厂地址： | | 13 车用空调制冷剂种类： | |
| 07 驱动电机顺序号： | | 14 车用空调制冷剂加注量： | |
| **第二部分　检验信息** | | | |
| 15 型式检验信息： | | | |
| 依据的标准 | 检验机构 | 检验结论 | |
| | | | |
| 16 下线检验信息： | | | |
| 依据： | | 结论： | |
| **第三部分　污染控制技术信息** | | | |
| 17 发动机型号 / 生产企业： | | | |
| 18 驱动电机型号 / 生产企业： | | | |
| 19 能量储存装置型号 / 生产企业： | | | |
| 20 储能装置总储电量 / 车辆纯电续航里程： | | | |
| 21 催化转化器型号 / 生产企业： | | | |
| 涂层 / 载体 / 封装生产企业： | | | |
| 22 颗粒捕集器型号 / 生产企业： | | | |
| 涂层 / 载体 / 封装生产企业： | | | |
| 23 氧传感器型号 / 生产企业： | | | |
| 24 EGR 型号 / 生产企业： | | | |
| 25 OBD 系统供应商： | | | |
| 26 ECU 型号 / 生产企业： | | | |
| 27 变速器型式 / 挡位数： | | | |
| 28 排气消声器型号 / 生产企业： | | | |
| 29 增压器型号 / 生产企业： | | | |
| **第四部分　生产企业 / 进口企业信息** | | | |
| 30 法定代表人： | | | |
| 31 地　　址： | | | |
| 32 联 系 电 话： | | | |
| 本清单内容及污染控制装置永久性标识相关信息可查询本企业官方网站（http://www.xxxxxx.com.cn）和生态环境部机动车环保信息公开平台（https://www.vecc.org.cn）。 | | | |
| （企业盖章处） | | | |
| 车辆生产日期：　　年　　月　　日 | | | |

表 B-7　轻型两用燃料车环保信息随车清单背面

| | | | |
|---|---|---|---|
| ×××××××× 有限公司声明：本清单为本企业依据《中华人民共和国大气污染防治法》和生态环境部相关规定公开的机动车环保信息，本企业对本清单所有内容的真实性、准确性、及时性和完整性负责。本企业承诺：VIN 码（见封面条形码）的轻型两用燃料车符合《轻型汽车污染物排放限值及测量方法（中国第六阶段）》（GB 18352.6—2016）b 阶段，PN 满足 $6.0 \times 10^{11}$ 个 /km，RDE 满足限值和《汽车加速行驶车外噪声限值及测量方法》（GB 1495）的相关要求，同时符合相关标准规定的环境保护 20 万公里耐久性要求。 | | | 二维码 |
| **第一部分　车辆信息** | | | |
| 01 车辆型号： | | 08 基准质量： | |
| 02 商标： | | 09 车型的识别方法和位置： | |
| 03 汽车分类： | | 10 底盘型号： | |
| 04 排放阶段： | | 11 底盘生产企业： | |
| 05 车辆制造商名称： | | 12 车用空调制冷剂种类： | |
| 06 生产厂地址： | | 13 车用空调制冷剂加注量： | |
| 07 发动机顺序号： | | | |
| **第二部分　检验信息** | | | |
| 14 型式检验信息： | | | |
| 依据的标准 | 检验机构 | 检验结论 | |
| | | | |
| 15 下线检验信息： | | | |
| 依据： | | 结论： | |
| **第三部分　污染控制技术信息** | | | |
| 16 发动机型号 / 生产企业： | | | |
| 17 混合装置型号 / 生产企业： | | | |
| 18 催化转化器（TWC）型号 / 生产企业： | | | |
| 涂层 / 载体 / 封装生产企业： | | | |
| 19 颗粒捕集器（GPF）型号 / 生产企业： | | | |
| 涂层 / 载体 / 封装生产企业： | | | |
| 20 炭罐型号 / 生产企业： | | | |
| 21 氧传感器型号 / 生产企业： | | | |
| 22 EGR 型号 / 生产企业： | | | |
| 23 OBD 系统供应商： | | | |
| 24 ECU 型号 / 生产企业： | | | |
| 25 变速器型式 / 挡位数： | | | |
| 26 排气消声器型号 / 生产企业： | | | |
| 27 增压器型号 / 生产企业： | | | |
| **第四部分　生产企业 / 进口企业信息** | | | |
| 28 法定代表人： | | | |
| 29 地　　址： | | | |
| 30 联 系 电 话： | | | |
| 本清单内容及污染控制装置永久性标识相关信息可查询本企业官方网站（http://www.xxx.com.cn）和生态环境部机动车环保信息公开平台（http://www.vecc.org.cn）。 | | | |
| | | | （企业盖章处） |
| | | 车辆生产日期：　　　年　　月　　日 | |

**表 B-8　轻型甲醇单燃料车环保信息随车清单背面**

| | | | |
|---|---|---|---|
| ××××××××× 有限公司声明：本清单为本企业依据《中华人民共和国大气污染防治法》和生态环境部相关规定公开的机动车环保信息，本企业对本清单所有内容的真实性、准确性、及时性和完整性负责。本企业承诺：VIN 码（见封面条形码）的轻型甲醇单燃料汽车符合《轻型汽车污染物排放限值及测量方法（中国第六阶段）》（GB 18352.6—2016）b 阶段，PN 满足 $6.0\times10^{11}$ 个 /km，RDE 满足限值和《汽车加速行驶车外噪声限值及测量方法》（GB 1495）的相关要求，同时符合相关标准规定的环境保护 20 万公里耐久性要求。 | | | 二维码 |
| **第一部分　车辆信息** | | | |
| 01 车辆型号： | | 08 基准质量： | |
| 02 商标： | | 09 车型的识别方法和位置： | |
| 03 汽车分类： | | 10 底盘型号： | |
| 04 排放阶段： | | 11 底盘生产企业： | |
| 05 车辆制造商名称： | | 12 车用空调制冷剂种类： | |
| 06 生产厂地址： | | 13 车用空调制冷剂加注量： | |
| 07 发动机顺序号： | | | |
| **第二部分　检验信息** | | | |
| 14 型式检验信息： | | | |
| 依据的标准 | 检验机构 | 检验结论 | |
| | | | |
| 15 下线检验信息： | | | |
| 依据： | | 结论： | |
| **第三部分　污染控制技术信息** | | | |
| 16 发动机型号 / 生产企业： | | | |
| 17 催化转化器（TWC）型号 / 生产企业： | | | |
| 涂层 / 载体 / 封装生产企业： | | | |
| 18 颗粒捕集器（GPF）型号 / 生产企业： | | | |
| 涂层 / 载体 / 封装生产企业： | | | |
| 19 炭罐型号 / 生产企业： | | | |
| 20 氧传感器型号 / 生产企业： | | | |
| 21 EGR 型号 / 生产企业： | | | |
| 22 OBD 系统供应商： | | | |
| 23 ECU 型号 / 生产企业： | | | |
| 24 变速器型式 / 挡位数： | | | |
| 25 排气消声器型号 / 生产企业： | | | |
| 26 增压器型号 / 生产企业： | | | |
| **第四部分　生产企业 / 进口企业信息** | | | |
| 27 法定代表人： | | | |
| 28 地　　址： | | | |
| 29 联 系 电 话： | | | |

本清单内容及污染控制装置永久性标识相关信息可查询本企业官方网站（http://www.xxx.com.cn）和生态环境部机动车环保信息公开平台（https://www.vecc.org.cn）。

（企业盖章处）

车辆生产日期：　　　年　　月　　日

表 B-9 轻型甲醇混合动力车环保信息随车清单背面

| | | | |
|---|---|---|---|
| ××××××××× 汽车制造有限公司声明：本清单为本企业依据《中华人民共和国大气污染防治法》和生态环境部相关规定公开的机动车环保信息，本企业对本清单所有内容的真实性、准确性、及时性和完整性负责。本企业承诺：VIN 码（见封面条形码）的轻型甲醇混合动力车符合《轻型汽车污染物排放限值及测量方法（中国第六阶段）》（GB 18352.6—2016）b 阶段，PN 满足 $6.0 \times 10^{11}$ 个 /km，RDE 满足限值和《汽车加速行驶车外噪声限值及测量方法》（GB 1495）的相关要求，同时符合相关标准规定的环境保护 20 万公里耐久性要求。 | | | 二维码 |
| **第一部分　车辆信息** | | | |
| 01 车辆型号： | | 08 发动机顺序号： | |
| 02 商标： | | 09 基准质量： | |
| 03 汽车分类： | | 10 车型的识别方法和位置： | |
| 04 排放阶段： | | 11 底盘型号： | |
| 05 车辆制造商名称： | | 12 底盘生产企业： | |
| 06 生产厂地址： | | 13 车用空调制冷剂种类： | |
| 07 驱动电机顺序号： | | 14 车用空调制冷剂加注量： | |
| **第二部分　检验信息** | | | |
| 15 型式检验信息： | | | |
| 依据的标准 | 检验机构 | 检验结论 | |
| | | | |
| 16 下线检验信息： | | | |
| 依据： | | 结论： | |
| **第三部分　污染控制技术信息** | | | |
| 17 发动机型号 / 生产企业： | | | |
| 18 驱动电机型号 / 生产企业： | | | |
| 19 能量储存装置型号 / 生产企业： | | | |
| 20 储能装置总储电量 / 车辆纯电续航里程： | | | |
| 21 催化转化器（TWC）型号 / 生产企业： | | | |
| 涂层 / 载体 / 封装生产企业： | | | |
| 22 颗粒捕集器（GPF）型号 / 生产企业： | | | |
| 涂层 / 载体 / 封装生产企业： | | | |
| 23 炭罐型号 / 生产企业： | | | |
| 24 氧传感器型号 / 生产企业： | | | |
| 25 EGR 型号 / 生产企业： | | | |
| 26 OBD 系统供应商： | | | |
| 27 ECU 型号 / 生产企业： | | | |
| 28 变速器型式 / 挡位数： | | | |
| 29 排气消声器型号 / 生产企业： | | | |
| 30 增压器型号 / 生产企业： | | | |
| **第四部分　生产企业 / 进口企业信息** | | | |
| 31 法定代表人： | | | |
| 32 地　　址： | | | |
| 33 联 系 电 话： | | | |

本清单内容及污染控制装置永久性标识相关信息可查询本企业官方网站（http://www.xxx.com.cn）和生态环境部机动车环保信息公开平台（http://www.vecc.org.cn）。

（企业盖章处）

车辆生产日期：　　年　　月　　日

**表 B-10　轻型柴油 / 甲醇双燃料汽车环保信息随车清单背面**

| | | | |
|---|---|---|---|
| ×××××× 有限公司声明：本清单为本企业依据《中华人民共和国大气污染防治法》和生态环境部相关规定公开的机动车环保信息，本企业对本清单所有内容的真实性、准确性、及时性和完整性负责。本企业承诺：VIN 码（见封面条形码）的轻型柴油 / 甲醇双燃料汽车符合《轻型汽车污染物排放限值及测量方法（中国第六阶段）》（GB 18352.6—2016）b 阶段，PN 满足 $6.0\times10^{11}$ 个 /km，RDE 满足限值和《汽车加速行驶车外噪声限值及测量方法》（GB 1495）的相关要求，同时符合相关标准规定的环境保护 20 万公里耐久性要求。 | | | 二维码 |
| **第一部分　车辆信息** | | | |
| 01 车辆型号： | | 08 基准质量： | |
| 02 商标： | | 09 车型的识别方法和位置： | |
| 03 汽车分类： | | 10 底盘型号： | |
| 04 排放阶段： | | 11 底盘生产企业： | |
| 05 车辆制造商名称： | | 12 车用空调制冷剂种类： | |
| 06 生产厂地址： | | 13 车用空调制冷剂加注量： | |
| 07 发动机顺序号： | | | |
| **第二部分　检验信息** | | | |
| 14 型式检验信息： | | | |
| 依据的标准 | 检验机构 | 检验结论 | |
| | | | |
| 15 下线检验信息： | | | |
| 依据： | | 结论： | |
| **第三部分　污染控制技术信息** | | | |
| 16 燃料供给系统型式： | | | |
| 17 发动机型号 / 生产企业： | | | |
| 18 喷油泵型号 / 生产企业： | | | |
| 19 增压器型号 / 生产企业： | | | |
| 20 炭罐型号 / 生产企业： | | | |
| 21 EGR 型号 / 生产企业： | | | |
| 22 ECU 型号 / 生产企业： | | | |
| 23 OBD 系统供应商： | | | |
| 24 催化转化器（DOC）型号 / 生产企业： | | | |
| 封装 / 载体 / 涂层生产企业： | | | |
| 25 催化转化器（SCR）型号 / 生产企业： | | | |
| 封装 / 载体 / 涂层生产企业： | | | |
| 26 催化转化器（LNT）型号 / 生产企业： | | | |
| 封装 / 载体 / 涂层生产企业： | | | |
| 27 催化转化器（ASC）型号 / 生产企业： | | | |
| 封装 / 载体 / 涂层生产企业： | | | |
| 28 颗粒捕集器（DPF）型号 / 生产企业： | | | |
| 封装 / 载体 / 涂层生产企业： | | | |
| 29 排气消声器型号 / 生产企业： | | | |
| 30 变速器型式 / 挡位数： | | | |
| **第四部分　生产企业 / 进口企业信息** | | | |
| 31 法定代表人： | | | |
| 32 地　　址： | | | |
| 33 联 系 电 话： | | | |
| 本清单内容及污染控制装置永久性标识相关信息可查询本企业官方网站（http://www.xxxx.com.cn）和生态环境部机动车环保信息公开平台（http://www.vecc.org.cn）。 | | | |
| | | | （企业盖章处） |
| | | 车辆生产日期： | 年　月　日 |